古人的雅致生活

茶经

精选本

（唐）陆　羽／著
白雪飞／绘

江西美术出版社
全国百佳出版单位

出版说明

《古人的雅致生活》系列丛书围绕古人论茶事、瓶花、器物、饮食、园林、赏石等经典著作，旨在重现古人的生活细节，重塑今人的生活格调。本书原文与译文对照阅读、精美配画辅助理解，是全书最为出彩之处。同时配画则力求反映原文之大意，以图说文，兼具欣赏与实用性。

《茶经》为唐代陆羽所著，是中国乃至世界范围内第一部系统介绍茶的专著。它以精辟的文字，系统全面地介绍了茶的源流、发展、烹茶技术、典故等内容。该书不仅是中国茶叶发展史上最早、亦极为重要的茶事专著。

《长物志》为明代文震亨所著。长物，乃身外之物，供把玩所用。明人宋诩在《宋氏家规部》中称『长物』为：『凡天地间奇物随时地所产、神秀所钟，或古有而今无，或今有而古无，不能尽知见之也。』书中将其进行雅俗区分，雅物入品，分为室庐、花木、水石、禽鱼、书画、几榻、器具、位置、衣饰、舟车、蔬果、香茗等十二类，内容广博，体现了明代士大夫的审美情趣。文震亨本人不屑与俗世为伍，衣食住行所思所想皆要与市井、俗尚区别开，因此便有了现在的《长物志》。

由于《茶经》《长物志》原文篇幅过长，在不影响原文大意的前提下，我们对部分内容进行了相应的精简调整，以更切合图书体例，符合读者的阅读习惯。

《山家清供》为宋代林洪所撰，宋代虽在军事方面积贫积弱，但在经济、文化、科技等领域却是中国历史上快速发展的黄金时期。作者林洪便生于这个奇特的朝代，在这期间，林洪所撰的《山家清供》《山家清事》作为历史长河中瑰丽奇异的的宝石被完整地保留了下来，为今人能够揭开当朝一角面纱做出了卓越的贡献。

《山家清供》全书收录了百余种宋代的食物，其中大部分皆为林洪亲身品尝感受过，并颇为有趣地记载了与其相关的琐事，让人读起不觉乏味，甚是可爱。同时书中全面地介绍了这些食物的名称、源流、做法等内容，其中涉及诗文、典故，内容广博。该书将食物这一日常生活中必不可少的事物，详细地记载下来并流传于世，极大程度上推动了后世饮食文化的发展。

《园冶》由明代计成所著，是中国第一本园林艺术理论专著，并将造园从技艺上升到理论层面。它以行云流水般的文字，系统全面地介绍了造园的原理和布局手法，至今仍然不失其用，为今人造园提供了范本。并且，该书采用『骈四骊六』的骈文体，在文学上亦有造诣。

《瓶花谱》为明代张谦德著，书中系统地展示了中国传统插花之道。它以精辟的文字，从品瓶、品花、折枝、插贮、滋养、事宜、花忌与护瓶八方面介绍了中国传统花道。该书是中国花道史上极为重要的专著，至今仍然不失其用，将花道上升到文化层面，极大程度上推动了花道的发展。

中国可能是最爱玩石、藏石、赏石的国家了，而中国人对于奇石、怪石、美石的喜爱也是独一份的。杜绾，字季阳，号『云林居士』，所著《云林石谱》是中国历史上最完整、最丰富的论石专著。它系统全面地介绍了如何选石、观石并对其进行测评，介绍了116种名石的产地、采取方法、质地、形状、声音等，并将其上升到理论层面，可见《四库全书》中删略其他，独留《云林石谱》不是没有道理的。

目录

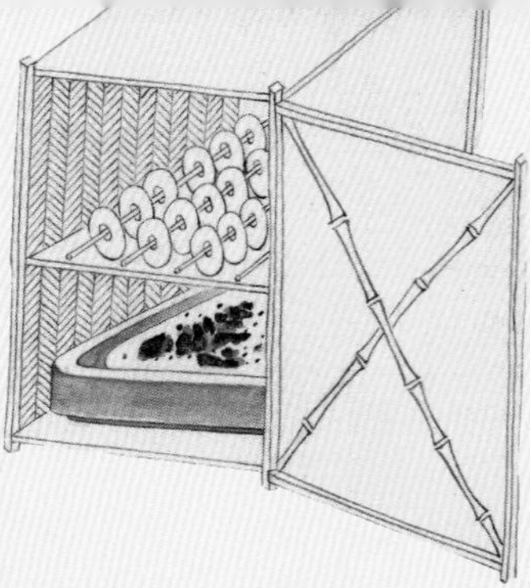

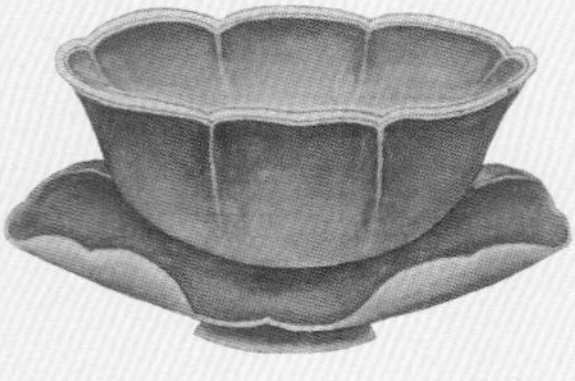

一之源

原文

● 注释

茶者，南方之嘉木也。一尺、二尺乃至数十尺。其巴山峡川，有两人合抱者，伐而掇之。其树如瓜芦，叶如栀子，花如白蔷薇，实如栟榈，蒂如丁香，根如胡桃。瓜芦木出广州，似茶，至苦涩。栟榈，蒲葵之属，其子似茶。胡桃与茶，根皆下孕，兆至瓦砾，苗木上抽。

译文

● 注释

茶树，是生长于南方的一种优质树木，高一尺、两尺乃至数十尺。在巴山、峡川一带，有树围达两人才能合抱的大茶树，只有将其枝条砍伐下来才能采摘到叶芽。茶树形像瓜芦木，树叶像栀子叶，花像白蔷薇，种子像栟榈子，花蒂像丁香蒂，根像胡桃树根。瓜芦木出产于广州一带，叶子与茶相似，味道特别苦涩，栟榈属蒲葵类植物，种子与茶子相似。胡桃树与茶树都扎根很深，碰到有碎砖烂瓦的硬土层时，苗木开始向上萌发生长。

原文

其字，或从草，或从木，或草木并。从草，当作『茶』，其字出《开元文字音义》；从木，当作『梌』，其字出《本草》；草木并，作『荼』，其字出《尔雅》。

注释

译文

『茶』，从字形上看，有的从属草部，有的从属木部，有的并属草、木两部。从属草部的，应当写作『茶』，此字出自《开元文字音义》；从属木部的，应当写作『梌』，此字见于《本草》；并属草木两部的，写作『荼』，此字见于《尔雅》。

注释

茶 梌 荼

原文

其名，一曰茶，二曰槚，三曰蔎，四曰茗，五曰荈。周公云：『槚，苦荼。』扬执戟云：『蜀西南人谓茶曰蔎。』郭弘农云：『早取为茶，晚取为茗，或一曰荈耳。』

注释

译文

茶的名称，一称茶，二称槚，三称蔎，四称茗，五称荈。周公说：『槚，就是苦荼。』扬雄说：『四川西南人将茶称作蔎。』郭璞说：『早采的称作茶，晚采的称作茗，也有的称作荈。』

注释

茶槚蔎茗荈

原文

其地，上者生烂石，中者生砾壤，下者生黄土。凡艺而不实，植而罕茂，法如种瓜，三岁可采。野者上，园者次。阳崖阴林，紫者上，绿者次；笋者上，牙者次；叶卷上，叶舒次。阴山坡谷者，不堪采掇，性凝滞，结瘕疾。

译文

种植茶树的土壤，以岩石风化完善的土壤为最佳，砾质土壤次之，黄土为最差。凡种植茶树，移栽技术掌握不当，茶树很少能长得茂盛。种茶的方法如同种瓜，一般种植三年后即可采茶。茶叶的品质，野生的好，园圃栽种的次之。向阳山坡有林荫覆盖的茶树，其芽叶呈紫色的为好，绿色的差些；芽叶肥壮似笋者为好，细小如牙的则差；叶背卷曲的嫩叶为好，舒展平直的稍次。生长在背阴山坡或深谷中的茶树品质不好，不宜采摘，因其性质凝滞，饮用易引起腹中结块。

原文

茶之为用，味至寒，为饮，最宜精行俭德之人。若热渴、凝闷，脑疼、目涩，四支烦、百节不舒，聊四五啜，与醍醐、甘露抗衡也。

译文

茶的功用，性味寒凉，作为饮品，最适宜品行端正俭约谦逊的人饮用。人们如遇发热口渴、胸闷、头痛、眼干涩，四肢乏力、关节不畅，喝上四五口茶汤，其功效与最好的饮品醍醐、甘露不相上下。

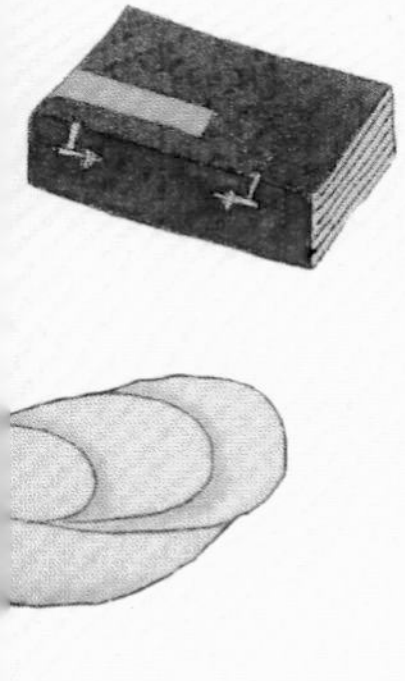

原文

采不时，造不精，杂以卉莽，饮之成疾。茶为累也，亦犹人参。上者生上党，中者生百济、新罗，下者生高丽。有生泽州、易州、幽州、檀州者，为药无效，况非此者？设服荠苨，使六疾不瘳，知人参为累，则茶累尽矣。

译文

如果茶叶采摘不合时节，制造不够精良，并且夹杂着野草败叶，饮用后会生病。茶与人参一样，产地不同，质量差异很大，甚至会给健康带来不利影响。上等人参产自上党，中等的产自百济、新罗，下等的产自高丽。泽州、易州、幽州、檀州出产的人参，作药用无疗效，更何况还有比它们还差的呢！倘若误把荠苨作人参服用，将会导致各种疾病不得痊愈。懂得了劣质人参对人的健康妨害，饮用劣质茶的危害也就不言而喻了。

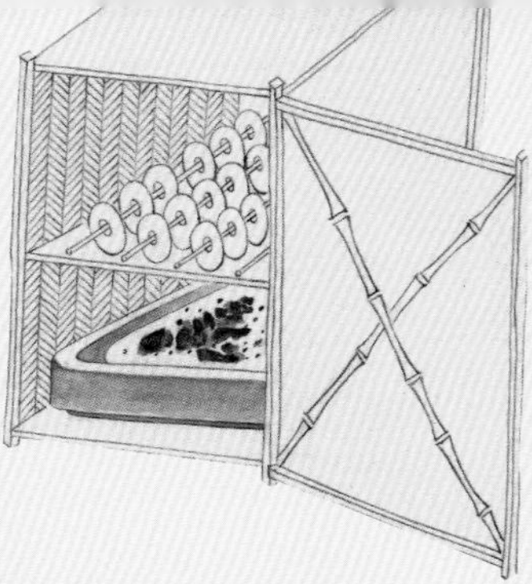

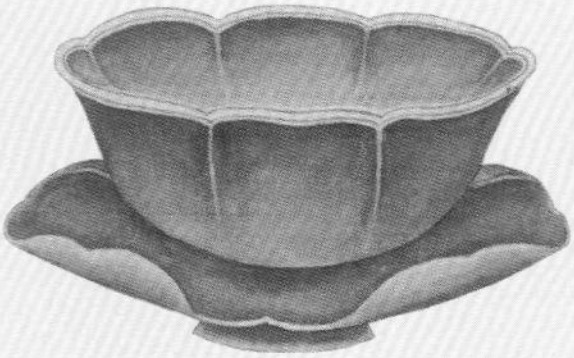

二之具

原文

●注释

籯加追反，一曰篮，一曰笼，一曰筥，以竹织之，受五升，或一斗、二斗、三斗者，茶人负以采茶也。籯，《汉书》音盈，所谓「黄金满籯，不如一经」。颜师古云：「籯，竹器也，受四升耳。」

译文

●注释

籯加追反，又叫篮，又叫笼，又叫筥，用竹子编制，容量五升，有一斗、二斗或三斗的，是茶人背着采茶用的。籯，《汉书》音盈，有「黄金满籯，不如一经」的说法。颜师古注：「籯，是一种竹器，容量四升。」

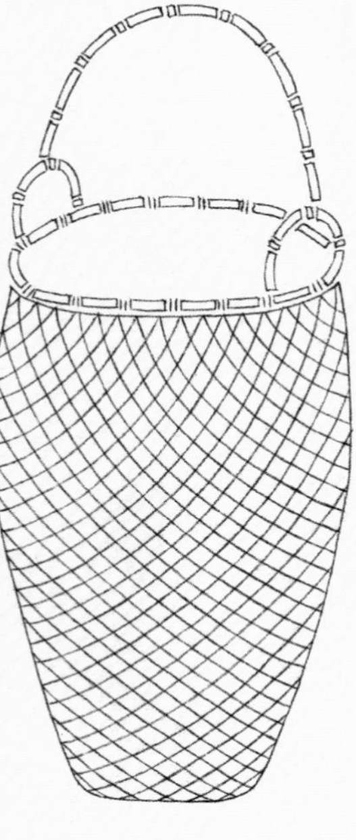

原文

灶，无用突者。釜，用唇口者。

译文

灶，不要用带烟囱的。釜，用锅口有唇边的。

原文

●注释

甑，或木或瓦，匪腰而泥，篮以箄之，篾以系之。始其蒸也，入乎箄；既其熟也，出乎箄。釜涸，注于甑中。甑，不带而泥之。又以榖木枝三桠者制之，散所蒸牙笋并叶，畏流其膏。

译文

●注释

甑，木制或陶造。腰部不要突出，用泥封好，甑内放竹篮做隔水器，并用竹篾系着。开始蒸的时候，将茶叶放入竹篮；蒸熟后，就把茶叶从竹篮里倒出。锅里水快煮干时，从甑中加水进去。甑，腰部不要捆绑，要用泥封。还要用三杈榖木及时抖散蒸后的嫩芽叶，以免茶汁流失。

原文

杵臼，一曰碓，惟恒用者佳。

译文

杵臼，又叫碓，以经常使用的为好。

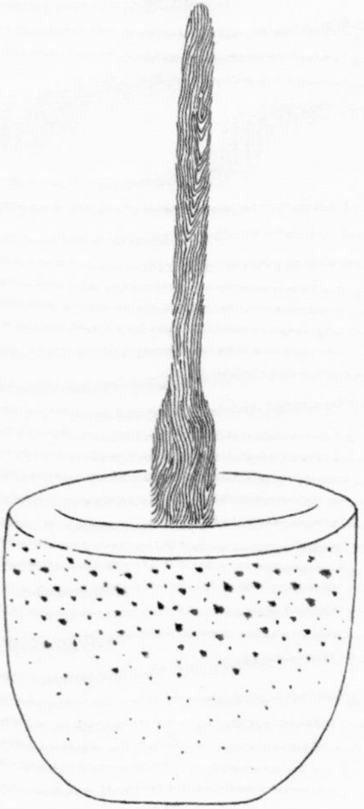

原文

规，一曰模，一曰棬，以铁制之，或圆，或方，或花。

译文

规，又叫模，又叫棬，用铁制成，有圆形、方形或花形。

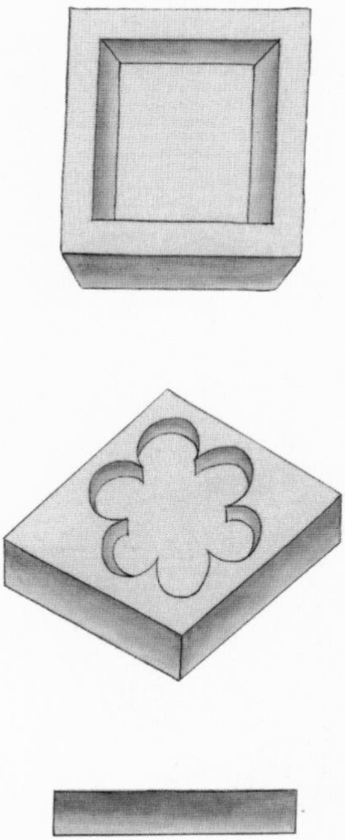

◎原文

承，一曰台，一曰砧，以石为之。不然，以槐桑木半埋地中，遣无所摇动。

◎译文

承，又叫台，又叫砧，用石制成。不然，用槐树、桑树半截埋入土中，使它牢固不易晃动。

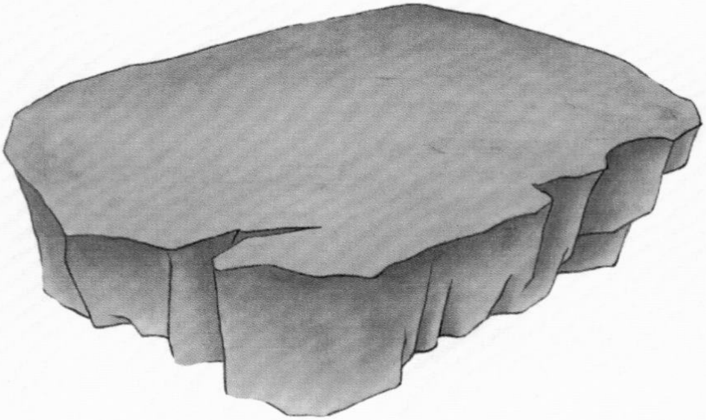

原文

檐，一曰衣，以油绢或雨衫、单服败者为之。以檐置承上，又以规置檐上，以造茶也。茶成，举而易之。

译文

檐，又叫衣，用油绢或穿坏了的雨衣、单衣做成。将『檐』放在『承』上，再将『规』放在『檐』上，就可以压制茶饼了。压成后，拿起来，再做另一个。

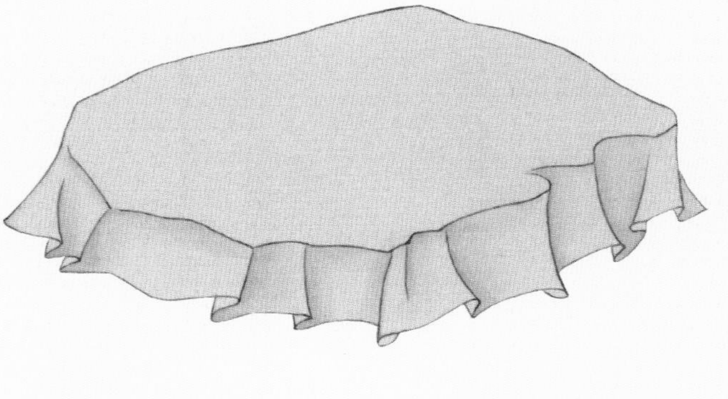

原文

芘莉音杷离，一曰籯子，一曰筹筤。以二小竹，长三尺，躯二尺五寸，柄五寸。以篾织方眼，如圃人土罗，阔二尺以列茶也。

注释

译文

芘莉音杷离，又叫籯子，又叫筹筤。用两根三尺长的小竹竿，制成身长二尺五寸，手柄长五寸，宽两尺的工具，用竹篾织成方眼状的竹匾，就像种菜人用的土罗，用来放新制成的茶饼。

注释

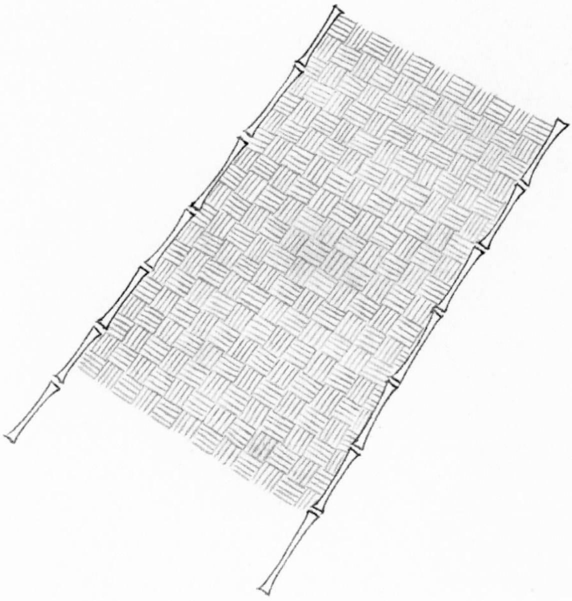

原文

棨，一曰锥刀。柄以坚木为之，用穿茶也。

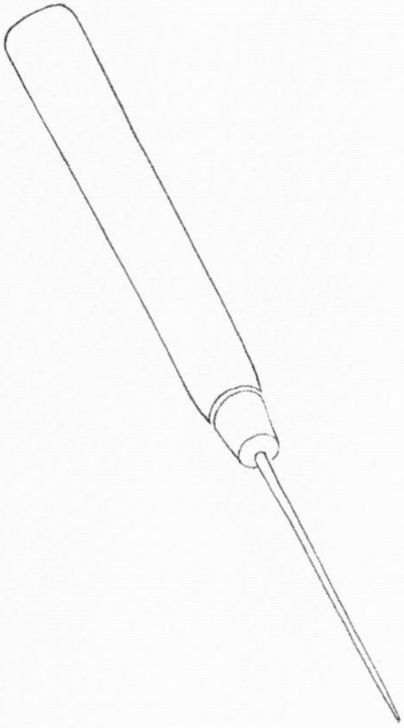

译文

棨，又叫锥刀。用坚实的木料做柄，用来给茶饼穿孔。

原文

扑，一曰鞭。以竹为之，穿茶以解茶也。

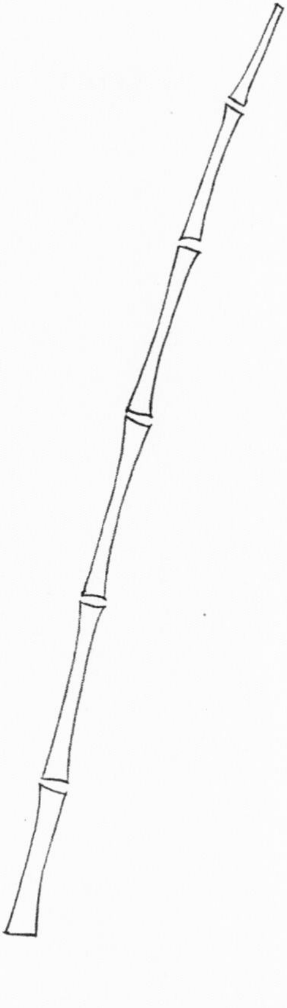

译文

扑，也叫鞭，用竹条制成，用来把茶饼穿成串，以便搬运。

原文

焙，凿地深二尺，阔二尺五寸，长一丈。上作短墙，高二尺，泥之。

译文

焙，地上挖坑深二尺，宽二尺五寸，长一丈。上砌矮墙，高二尺，用泥抹平整。

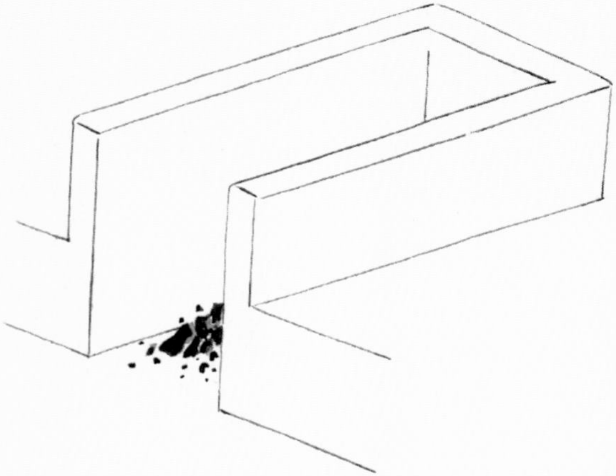

原文

贯，削竹为之，长二尺五寸，以贯茶焙之。

译文

贯，竹子削制成，长二尺五寸，用来穿茶烘焙。

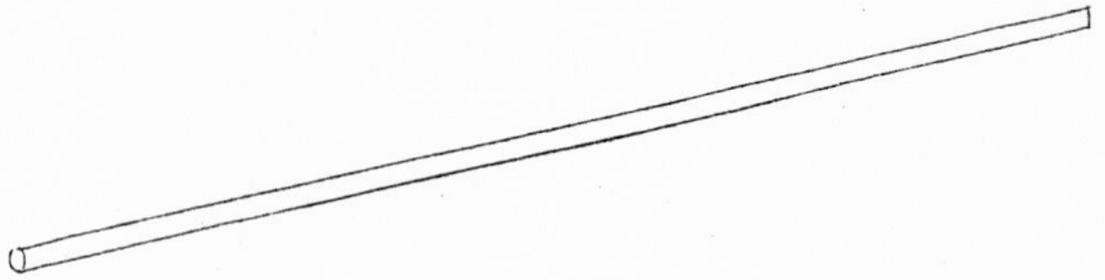

◎原文

棚，一曰栈。以木构于焙上，编木两层，高一尺，以焙茶也。茶之半干，升下棚；全干，升上棚。

◎译文

棚，又叫栈。用木做成架子，放在焙上，分为两层，相距一尺，用来烘焙茶饼。茶饼半干时，放到下层；全干时，放到上层。

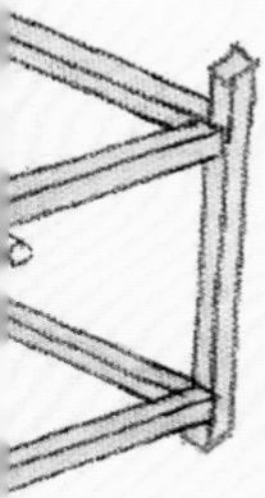

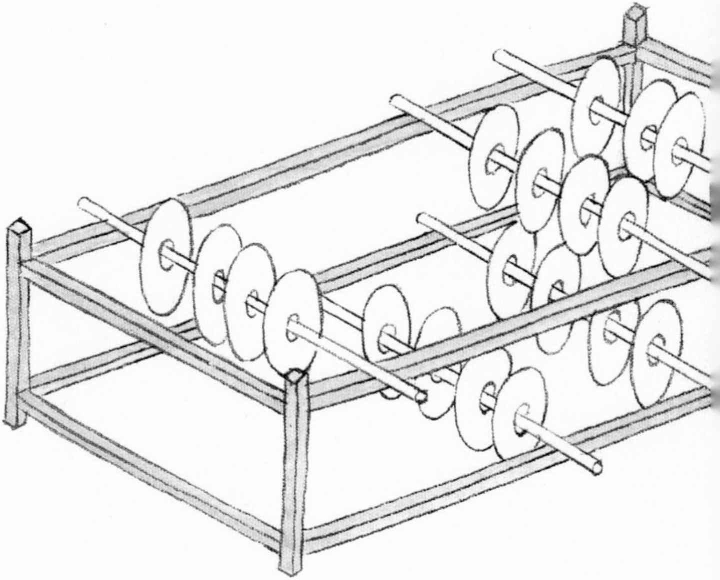

原文

穿音钏，江东、淮南剖竹为之。巴川峡山纫榖皮为之。江东以一斤为上穿，半斤为中穿，四两五两为小穿。峡中以一百二十斤为上穿，八十斤为中穿，五十斤为小穿。穿字旧作钗钏之『钏』字，或作贯串。今则不然，如磨、扇、弹、钻、缝五字，文以平声书之，义以去声呼之，其字以穿名之。

译文

穿音钏，江东、淮南地区用竹子制成。巴川、峡山地区用榖树皮做成。江东把穿成一斤的茶饼称为上穿，半斤的称为中穿，四两、五两的称为小穿。峡中地区则以一百二十斤为上穿，八十斤为中穿，五十斤为小穿。『穿』字原先作钗钏之『钏』字，或作贯串。现在则不同，像磨、扇、弹、钻、缝五字一样，以平声书写，读起来用去声表达意义，此处字形就写『穿』。

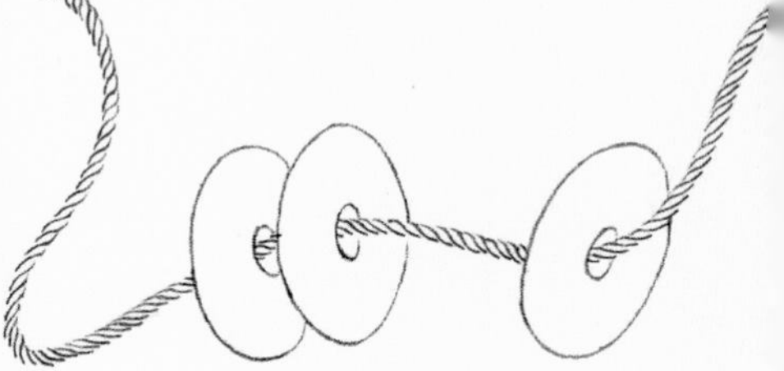

原文

育，以木制之，以竹编之，以纸糊之。中有隔，上有覆，下有床，傍有门，掩一扇。中置一器，贮塘煨火，令煴煴然。江南梅雨时，焚之以火。育者，以其藏养为名。

● 注释

译文

育，用木制作，用竹篾编织，再用纸裱糊。中间有隔层，上有盖，下有底盘，旁边有门，掩着一扇门。中间放一器皿，盛有火灰，使有火无焰。江南梅雨季节时，烧火除湿。育，因为对茶饼有保藏养益作用而得名。

● 注释

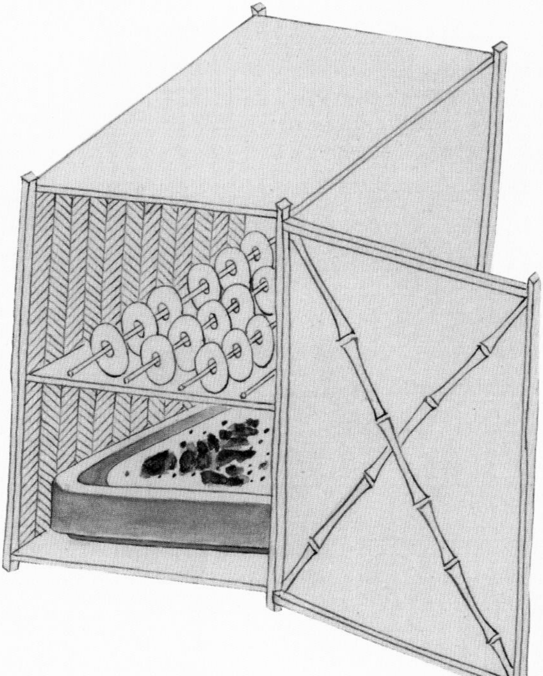

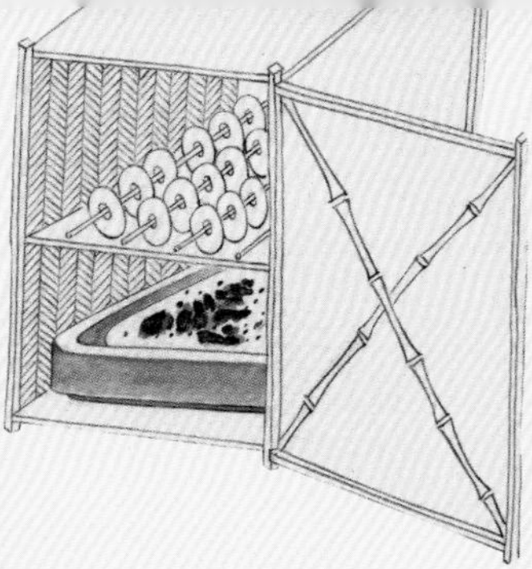

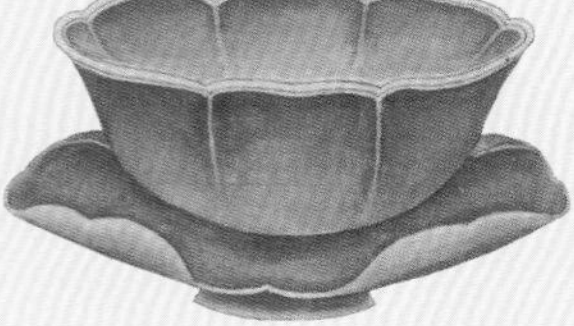

三之造

原文

凡采茶，在二月、三月、四月之间。

茶之笋者，生烂石沃土，长四五寸，若薇蕨始抽，凌露采焉。茶之牙者，发于丛薄之上，有三枝、四枝、五枝者，选其中枝颖拔者采焉。其日有雨不采，晴有云不采。晴，采之，蒸之，捣之，拍之，焙之，穿之，封之，茶之干矣。

译文

采摘茶叶，一般在农历二月、三月、四月之间。

肥嫩如笋的芽叶，生长在含有碎石的肥沃土壤里，长约四五寸，像刚刚抽芽的嫩薇、蕨芽一样，清晨带着露水采摘最好。细小如牙的芽叶，生长在丛生的茶树枝条上，有同时抽生三枝、四枝、五枝的，选择其中肥壮挺拔的采摘。当天有雨不采茶，晴天有云也不采。天晴无云时，采来的芽叶，先放入甑中蒸熟，再用杵臼捣碎，然后放入模具拍压成茶饼，接着焙干，最后穿成串，包装好，茶就可以保持干燥了。

原文

茶有千万状，卤莽而言，如胡人靴者，蹙缩然京锥文也；犎牛臆者，廉襜然；浮云出山者，轮囷然；轻飙拂水者，涵淡然。有如陶家之子，罗膏土以水澄泚之谓澄泥也。又如新治地者，遇暴雨流潦之所经。此皆茶之精腴。有如竹箨者，枝干坚实，艰于蒸捣，故其形籭簁然上离下师。有如霜荷者，茎叶凋沮，易其状貌，故厥状委悴然。此皆茶之瘠老者也。

注释

译文

茶饼的外观千姿百态，粗略地讲，有的像胡人的靴子，表面皱缩着像京锥的纹样；有的像野牛的胸部，有起伏的褶皱；有的像浮云出山，曲折回旋；有的像轻风拂水，微波涟漪。有的像陶匠箩筛陶土，再用水淘洗沉淀出的泥膏那么光滑细腻，陶工淘洗陶土称为澄泥。有的又像刚刚翻整的土地，被暴雨急流冲刷后的样子。这些都是茶中精品。有的叶像笋壳，枝梗坚硬，蒸捣困难，所制茶饼像籭簁音离师，箩筛一样。有的像经霜的荷叶，茎叶凋萎，变了形状，所制茶饼外貌枯槁。这些都是粗老劣质的茶。

注释

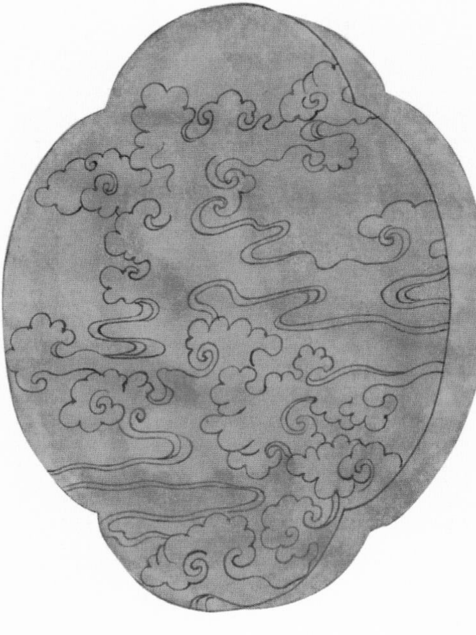

原文

自采至于封七经目，自胡靴至于霜荷八等。或以光黑平正言嘉者，斯鉴之下也；以皱黄坳垤言佳者，鉴之次也；若皆言嘉及皆言不嘉者，鉴之上也。何者？出膏者光，含膏者皱；宿制者则黑，日成者则黄；蒸压则平正，纵之则坳垤。此茶与草木叶一也。茶之否臧，存于口诀。

译文

从采摘到封装，经过七道工序，从像胡靴的皱缩状到类似经霜荷叶的凋萎状，有八个等级。有人把黑亮、平整作为好茶的标准，这是下等的鉴别方法。从皱缩、黄色、凹凸等特征来鉴别好茶，这是次等的鉴别方法。若既能指出茶的佳处，又能道出劣处，才是上等的鉴别方法。为什么呢？因为压出了茶汁的茶叶就会显得光亮，含有茶汁的就会紧皱；隔夜制成的色黑，当天采制的色黄；蒸后压得紧的就平整，任其形状自然变化的就凹凸不平。这是茶和其他草木叶子相一致的地方。鉴别茶叶品质的好坏，存有一套口诀。

四之器

原文

风炉以铜铁铸之，如古鼎形，厚三分，缘阔九分，令六分虚中，致其杇墁。凡三足，古文书二十一字。一足云『坎上巽下离于中』；一足云『体均五行去百疾』；一足云『圣唐灭胡明年铸』。其三足之间，设三窗。底一窗以为通飙漏烬之所。上并古文书六字，一窗之上书『伊公』二字，一窗之上书『羹陆』二字，一窗之上书『氏茶』二字。所谓『伊公羹，陆氏茶』也。置墆埭于其内，设三格：其一格有翟焉，翟者，火禽也，画一卦曰离；其一格有彪焉，彪者，风兽也，画一卦曰巽；其一格有鱼焉，鱼者，水虫也，画一卦曰坎。巽主风，离主火，坎主水。风能兴火，火能熟水，故备其三卦焉。其饰，以连葩、垂蔓、曲水、方文之类。其炉，或锻铁为之，或运泥为之。其灰承，做三足铁柈台之。

译文

风炉，用铜或铁铸成，形状像古鼎，壁厚三分，炉口边缘宽九分，向炉腔内空出六分，抹上泥土。炉有三足，上面铸有二十一个古文字。一足上写『坎上巽下离于中』；一足上写『体均五行去百疾』；一足上写『圣唐灭胡明年铸』。在三足间开三个窗口，炉底有一个洞口用来通风漏灰。三个窗口铸有六个古文字，一个窗口上写『伊公』二字，一个窗口上写『羹陆』二字，一个窗口上写『氏茶』二字，也就是『伊公羹，陆氏茶』。炉内设置放燃料的箅子，分三格：

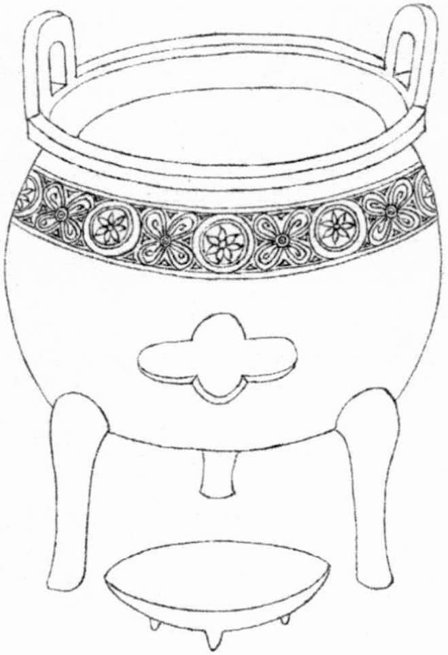

一格上有翟，翟是火禽，刻画一离卦；一格上有彪，彪是风兽，刻画一巽卦；一格上有鱼，鱼是水虫，刻画一坎卦。『巽』表示风，『离』表示火，『坎』表示水。风能使火烧旺，火能把水煮开，所以要有这三个卦。炉身用花卉、垂蔓、流水、方形花纹等图案来装饰。风炉，也有用铁锻造的，也有用泥做的。灰承，是一个三足铁盘，用来承接炉灰。

原文

筥，以竹织之，高一尺二寸，径阔七寸。或用藤，作木楦如筥形织之，六出圆眼。其底盖若利箧口，铄之。

译文

筥，用竹子编制，高一尺二寸，直径七寸。也有的先做个像筥形的木架，再在它的外部用藤编出六角形的洞眼。筥的底和盖像竹箱子的口部，要磨削光滑。

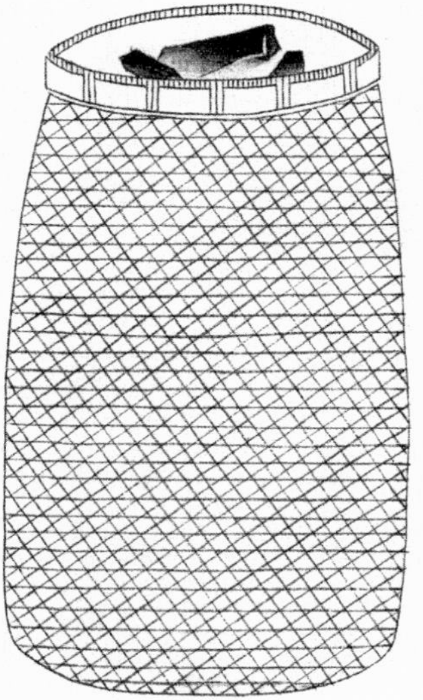

原文

炭梲，以铁六棱制之，长一尺，锐上丰中，执细头系一小镊以饰梲也，若今之河陇军人木吾也。或作锤，或作斧，随其便也。

译文

炭梲，用六棱形的铁棒制成，长一尺，头部尖，中间粗，握处细，握的那头拴上一个小镊作为装饰，就像现在河陇地带的军人所使用的木棒。也有的根据使用的方便做成锤形或斧形。

原文

火筴，一名筯，若常用者，圆直一尺三寸，顶平截，无葱台勾锁之属，以铁或熟铜制之。

译文

火筴，又称筯，就是平常用的火钳，形状圆而直，长一尺三寸，顶端齐平，没有葱台勾锁之类的装饰，用铁或熟铜制成。

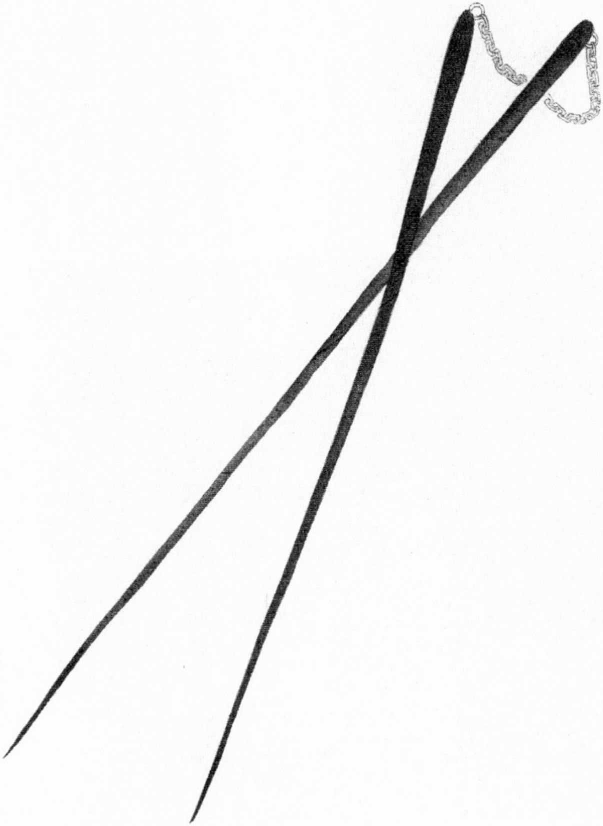

原文

镬，以生铁为之。今人有业冶者，所谓急铁。其铁以耕刀之趄，炼而铸之。内模土而外模沙。土滑于内，易其摩涤；沙涩于外，吸其炎焰。方其耳，以正令也。广其缘，以务远也。长其脐，以守中也。脐长，则沸中；沸中，则末易扬；末易扬，则其味淳也。洪州以瓷为之，莱州以石为之。瓷与石皆雅器也，性非坚实，难可持久。用银为之，至洁，但涉于侈丽。雅则雅矣，洁亦洁矣，若用之恒，而卒归于银也。

译文

镬，即锅，用生铁制成。『生铁』就是现今冶铁人所说的『急铁』。用废弃的铁质农具，炼铸造锅。铸锅时，内模上泥，外模抹沙。泥土光滑，使锅内壁容易擦洗；沙土粗涩，使锅外壁易于吸热。锅耳呈方形，使锅身端正。锅口缘宽阔，使火焰延展。锅脐略突出，使火力集中。锅脐突出，水就会在锅中心沸腾；水在中心沸腾，茶末就容易沸扬；茶末易于沸扬，茶汤的滋味就更加甘醇。洪州用瓷做锅，莱州用石做锅。瓷锅和石锅都很雅致，但不坚固，不耐用。用银制锅，非常洁净，但过于奢侈华丽。雅致固然雅致，洁净确实洁净，但若说经久耐用，终归还是用银制的好。

原文

交床，以十字交之，剜中令虚，以支鍑也。

译文

交床，用十字交叉的木架，将搁板中间挖空，用来放置锅。

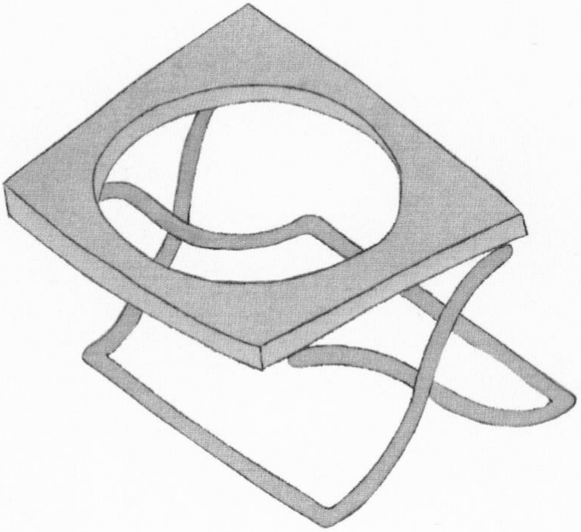

原文

夹，以小青竹为之，长一尺二寸。令一寸有节，节已上剖之，以炙茶也。彼竹之筱，津润于火，假其香洁以益茶味，恐非林谷间莫之致。或用精铁熟铜之类，取其久也。

译文

夹，用小青竹制成，长一尺二寸。选一头一寸处有竹节的，自节以上剖开，用来夹着茶饼烤炙。这样的小青竹烤炙时表面会渗出香洁的竹液和香气，能够增加茶的香味。但若不在山林间炙茶，恐怕难以弄到这种小青竹。也有用精铁或熟铜之类的材料来制作，这样的夹经久耐用。

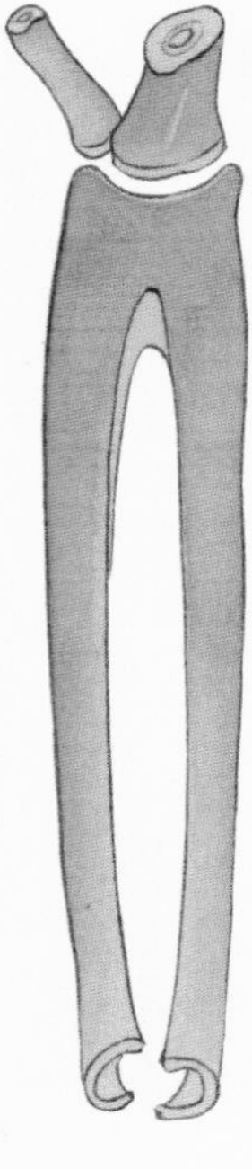

原文

纸囊，以剡藤纸白厚者夹缝之。以贮所炙茶，使不泄其香也。

译文

纸囊，用两层又白又厚的剡藤纸缝制而成。用来贮放烤好的茶，使香气不易散失。

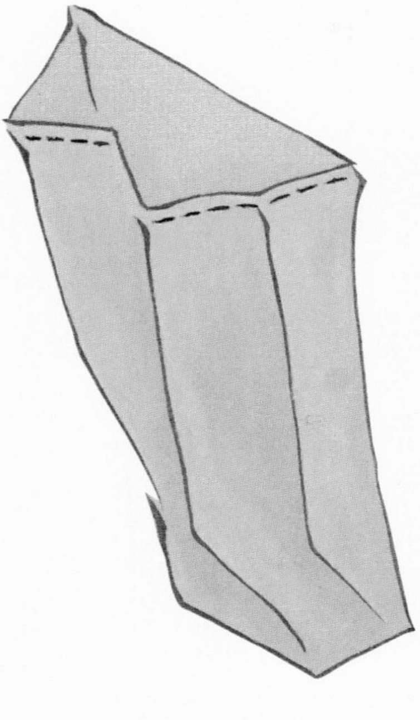

原文

碾，以橘木为之，次以梨、桑、桐、柘为之。内圆而外方。内圆备于运行也，外方制其倾危也。内容堕而外无余木。堕，形如车轮，不辐而轴焉。长九寸，阔一寸七分。堕径三寸八分，中厚一寸，边厚半寸，轴中方而执圆。其拂末以鸟羽制之。

译文

碾，最好用橘木制，其次用梨木、桑木、桐木、柘木做。碾槽内圆外方。内圆便于运转，外方防止倒翻。槽内放碾磙，不留空隙。堕即碾磙，形状像车轮，只是没有车辐，中心安一根轴。轴长九寸，宽一寸七分。碾磙直径三寸八分，中间厚一寸，边缘厚半寸。轴中间呈方形，手柄则是圆形。拂末，用鸟的羽毛制作。

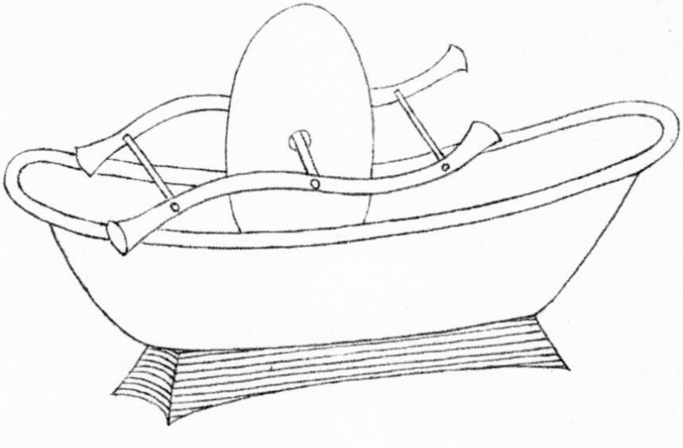

原文

罗末，以合盖贮之，以则置合中。用巨竹剖而屈之，以纱绢衣之。其合以竹节为之，或屈杉以漆之，高三寸，盖一寸，底二寸，口径四寸。

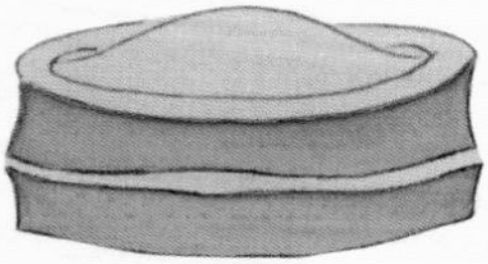

译文

用罗筛好的茶末，放在盒中盖紧存放，把茶则也放入盒中。将粗壮的竹子剖开弯曲成圆形做成罗筛，罗底蒙上绢纱。盒用有竹节的部分制成，或用杉木片弯曲成圆形，再涂上油漆。盒高三寸，盖高一寸，底二寸，直径四寸。

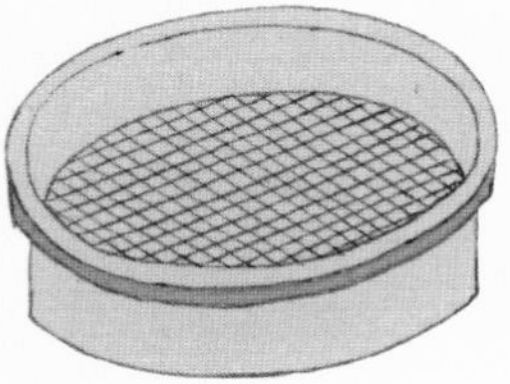

原文

则，以海贝、蛎蛤之属，或以铜、铁、竹匕策之类。则者，量也，准也，度也。凡煮水一升，用末方寸匕。若好薄者，减之，嗜浓者，增之，故云则也。

译文

则，用海贝、蛎蛤之类的贝壳，或用铜、铁、竹制成的匕、策之类。则是计算的标准、依据。通常情况下，煮一升的水，量取一寸正方匙匕的茶末。如果喜欢淡茶，就减少茶末用量，如果喜欢浓茶，就增加茶末用量。因此，这种容器被称为『则』。

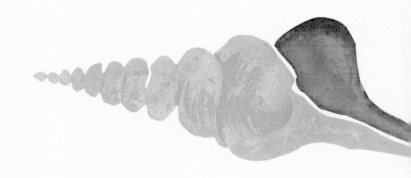

原文

水方，以椆木、槐、楸、梓等合之，其里并外缝漆之，受一斗。

译文

水方，用椆木、槐木、楸木、梓木等木料制成，内外缝隙都用漆封实，容量一斗。

原文

漉水囊，若常用者，其格以生铜铸之，以备水湿，无有苔秽腥涩意，以熟铜苔秽，铁腥涩也。林栖谷隐者，或用之竹木。木与竹非持久涉远之具，故用之生铜。其囊，织青竹以卷之，裁碧缣以缝之，纽翠钿以缀之。又作绿油囊以贮之。圆径五寸，柄一寸五分。

译文

漉水囊，跟常用的一样，它的圈架用生铜铸造，以免被水打湿后，生出铜苔污垢及腥涩味，因为用熟铜易生出铜苔污垢，用铁易产生腥涩味。在山林溪谷中隐居的人，也有用竹木制作的。但竹木制品不耐用，又不便携带远行，因而选用生铜。水囊用竹篾编织，卷曲成袋形，再剪裁碧绿的丝绢缝制，纽缀上翠钿做装饰。又做一个防水的绿油绢的袋子贮放漉水囊。漉水囊圆径五寸，柄长一寸五分。

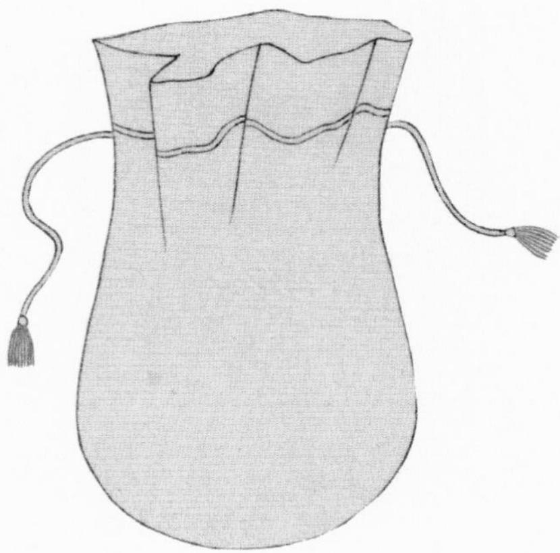

原文

瓢，一曰牺杓。剖瓠为之，或刊木为之。晋舍人杜育《荈赋》云：『酌之以匏。』匏，瓢也。口阔，胫薄，柄短。永嘉中，余姚人虞洪入瀑布山采茗，遇一道士，云：『吾，丹丘子，祈子他日瓯牺之余，乞相遗也。』牺，木杓也。今常用以梨木为之。

译文

瓢，又叫牺杓。把葫芦剖开或凿木而成。晋中书舍人杜育《荈赋》说：『酌之以匏。』匏，就是葫芦瓢，口阔、瓢身薄、手柄短。西晋永嘉年间，余姚人虞洪到瀑布山采茶，遇到一位道士，对他说：『我是丹丘子，希望你日后能把杯杓里多余的茶送些给我喝。』牺，就是木杓，现在通常用梨木制成。

原文

竹筴，或以桃、柳、蒲葵木为之，或以柿心木为之。长一尺，银裹两头。

译文

竹筴，有用桃木、柳木、蒲葵木制，也有用柿心木做的。长一尺，用银包裹两头。

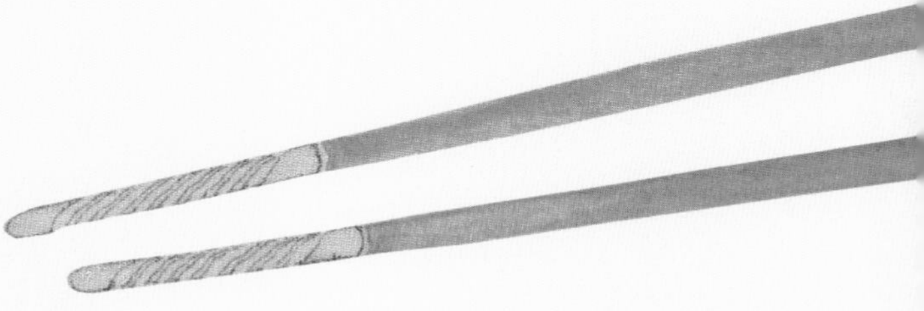

◎原文

鹾簋，以瓷为之。圆径四寸，若合形，或瓶、或罍，贮盐花也。其揭，竹制，长四寸一分，阔九分。揭，策也。

◎译文

鹾簋，用瓷制造。圆径四寸，形状作盒形、瓶形、壶形，盛贮盐用。揭，用竹制成，长四寸一分，宽九分。这种揭，是取盐用的工具。

原文

熟盂，以贮熟水，或瓷，或沙，受二升。

译文

熟盂，用来盛贮开水，或瓷制，或陶造，容量两升。

原文

碗，越州上，鼎州次，婺州次，岳州次，寿州、洪州次。或者以邢州处越州上，殊为不然。若邢瓷类银，越瓷类玉，邢不如越一也；若邢瓷类雪，则越瓷类冰，邢不如越二也；邢瓷白而茶色丹，越瓷青而茶色绿，邢不如越三也。晋杜育《荈赋》所谓：『器择陶拣，出自东瓯。』瓯，越也。瓯，越州上，口唇不卷，底卷而浅，受半升已下。越州瓷、岳瓷皆青，青则益茶。茶作白红之色。邢州瓷白，茶色红；寿州瓷黄，茶色紫；洪州瓷褐，茶色黑；悉不宜茶。

译文

碗，以越州产的品质为最好，鼎州、婺州、岳州的次好，寿州、洪州的次些。有人认为邢州出产的比越州好，并非如此。如果说邢瓷如银，越瓷就像玉，这是邢瓷不如越瓷的第一点；如果说邢瓷如雪，越瓷就像冰，这是邢瓷不如越瓷的第二点；邢瓷白，使茶汤呈红色，越瓷青，使茶汤呈绿色，这是邢瓷不如越瓷的第三点。晋代杜育《荈赋》中说：『挑选陶瓷器皿，好的出自东瓯。』瓯，地名，即越州。瓯，也是器物名，越州窑出产的品质最好，口唇不卷边，底浅而稍卷边，容量不足半升。越州瓷、岳州瓷都是青色，能增益茶的汤色。一般茶汤为白红色。邢州瓷白，使茶汤色红；寿州瓷黄，使茶汤色紫；洪州瓷褐，使茶汤色黑；都不适宜盛茶。

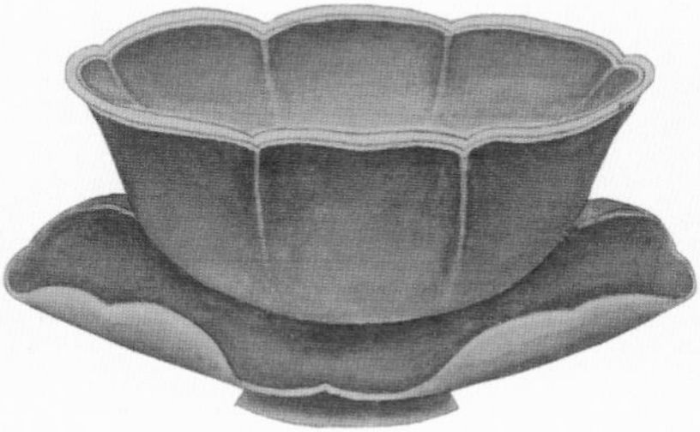

原文

畚，以白蒲卷而编之，可贮碗十枚。或用筥。其纸帊以剡纸夹缝，令方，亦十之也。

译文

畚，用白蒲草编成圆筒形，可贮放十只碗。也有用竹筥替代的。纸帊是用双层的剡藤纸缝成，呈方形，也可贮放十只碗。

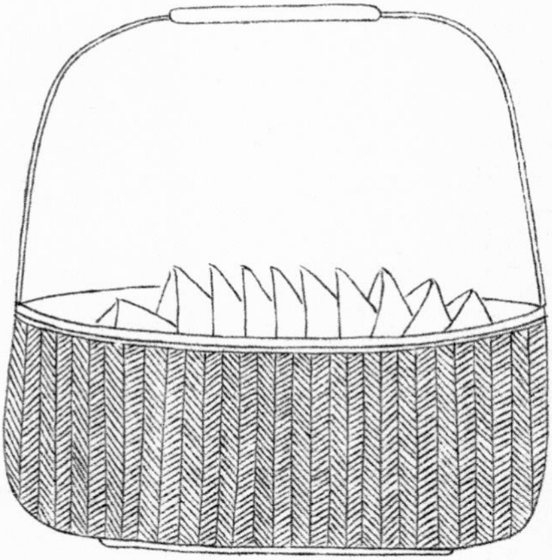

原文

札，缉栟榈皮以茱萸木夹而缚之，或截竹束而管之，若巨笔形。

译文

札，选取棕榈皮分捻成线，用茱萸木夹住并捆紧，或截一段竹子，扎上棕榈纤维，形状像支大毛笔。

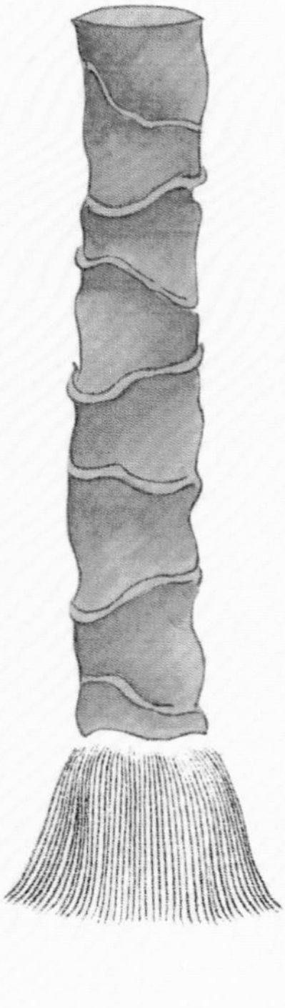

原文

涤方，以贮涤洗之余，用楸木合之，制如水方，受八升。

译文

涤方，用来盛放洗涤后的水，用楸木制成盒状，制法如水方，容量八升。

原文

滓方，以集诸滓，制如涤方，处五升。

译文

滓方，用来盛放各种渣滓，制法如涤方，容量五升。

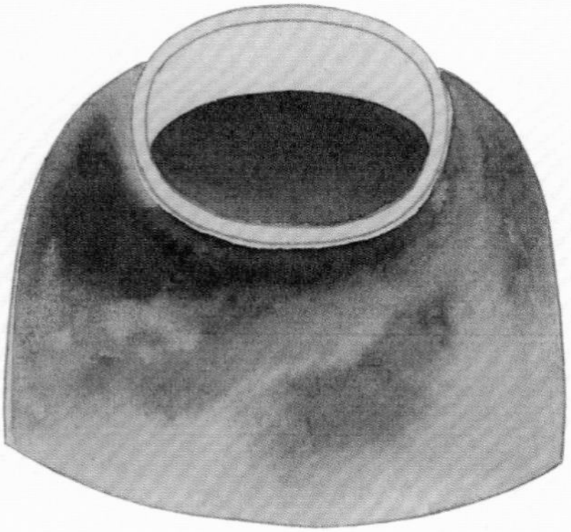

原文

巾，以绝布为之，长二尺，作二枚，互用之，以洁诸器。

译文

巾，用粗绸制成，长两尺，做两块，交替使用，以清洁各种茶器。

原文

具列，或作床，或作架。或纯木、纯竹而制之，或木，或竹，黄黑可扃而漆者。长三尺，阔二尺，高六寸。具列者，悉敛诸器物，悉以陈列也。

译文

具列，做成床形或架形。用纯木制、纯竹制，也可木、竹兼用，做成小柜，漆成黄黑色，有门可关。长三尺，宽二尺，高六寸。之所以叫具列，是因为它可以收纳并陈列各种器物。

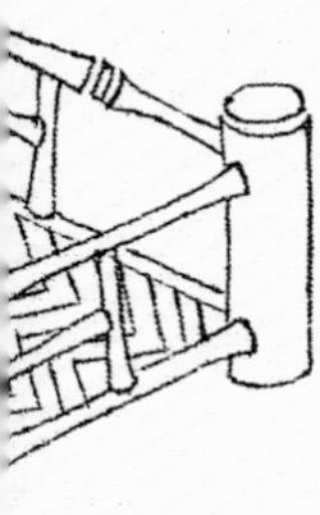

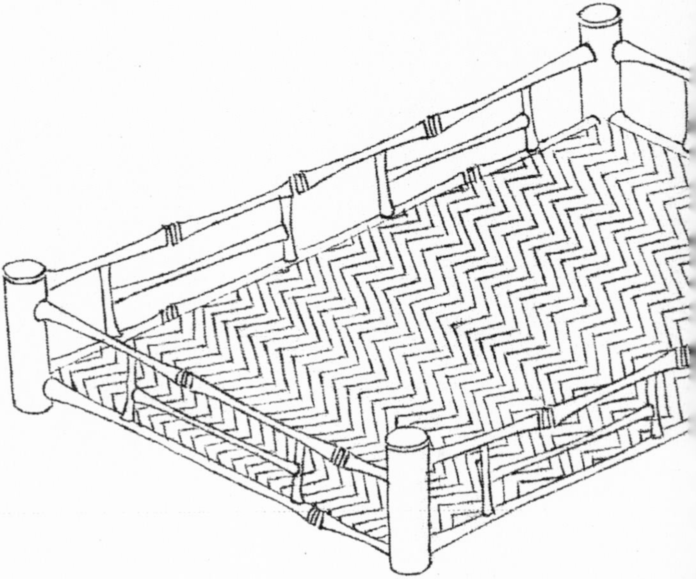

原文

都篮，以悉设诸器而名之。以竹篾内作三角方眼，外以双篾阔者经之，以单篾纤者缚之，递压双经，作方眼，使玲珑。高一尺五寸，底阔一尺、高二寸，长二尺四寸，阔二尺。

译文

都篮，因能装下所有器物而得名。以竹篾编制，内面编成三角形或方形的眼，外面用两道宽篾作经线，一道细篾作纬线，交替编压在作经线的两道宽篾上，编成方眼，使它精巧玲珑。都篮高一尺五寸，底宽一尺，高二寸，长二尺四寸，宽二尺。

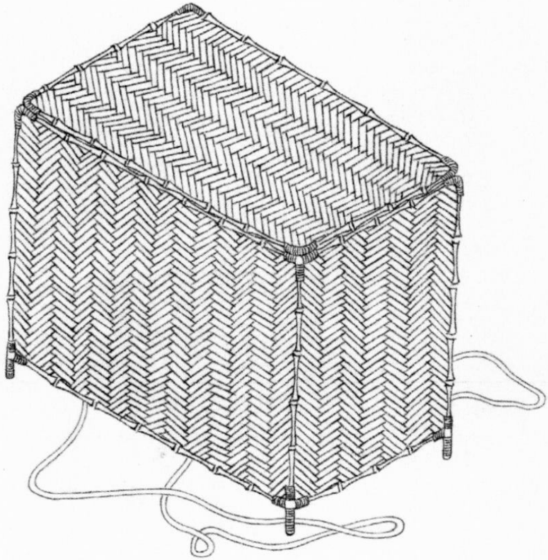

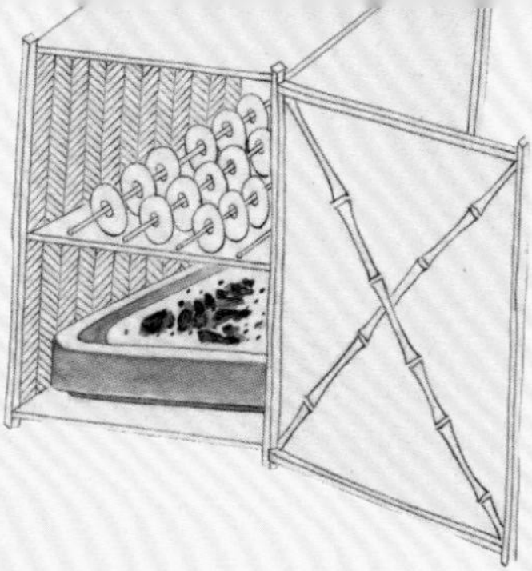

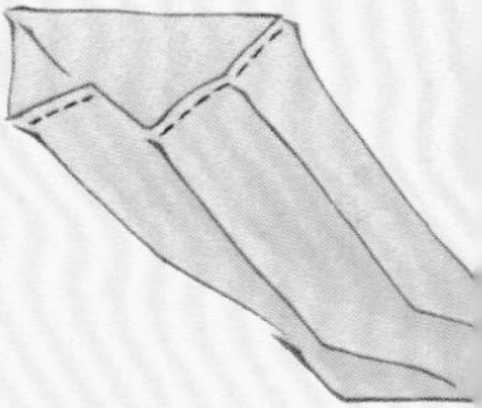
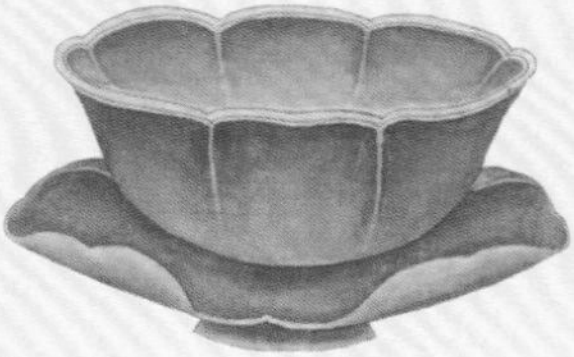
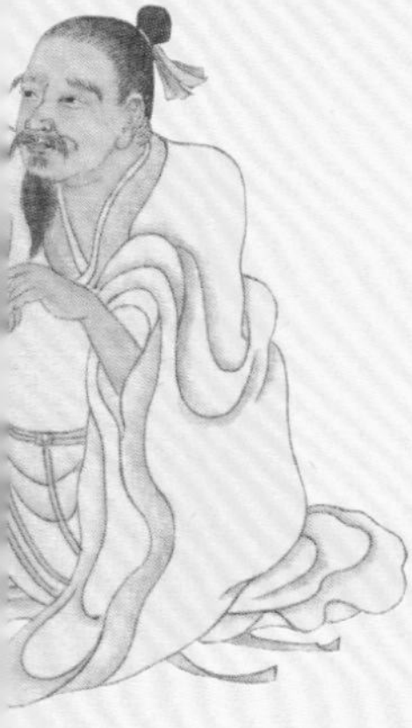

五之煮

原文

注释

凡炙茶，慎勿于风烬间炙，熛焰如钻，使炎凉不均。持以逼火，屡其翻正，候炮普教反出培塿，状虾蟆背，然后去火五寸。卷而舒，则本其始又炙之。若火干者，以气熟止；日干者，以柔止。

译文

注释

烤茶饼时，注意不要在通风的余火上烤，因为风吹会使火苗飘忽不定，像小钻子，使茶饼各部分受热不均匀。要夹着茶饼靠近火，不停地翻动，等到茶饼表面被烤出炮音普教反像蛤蟆背上的小疙瘩时，移到离火约五寸处。等到卷曲突起的茶饼表面又舒展开，再按之前的方法烤。如果制茶时是用火烘干的，以烤到冒热气为度；如果是晒干的，则以烤到柔软为好。

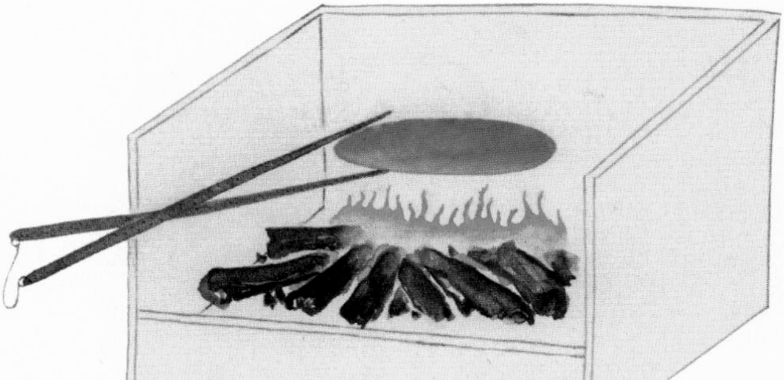

原文

其始，若茶之至嫩者，蒸罢热捣，叶烂而牙笋存焉。假以力者，持千钧杵亦不之烂。如漆科珠，壮士接之，不能驻其指。及就，则似无穰骨也。炙之，则其节若倪倪，如婴儿之臂耳。既而承热用纸囊贮之，精华之气无所散越，候寒末之。末之上者，其屑如细米。末之下者，其屑如菱角。

● 注释

译文

开始制茶时，对于很柔嫩的茶叶，蒸后趁热捣杵，叶子捣烂了，而芽头还存在。如果只用蛮力，用千斤重杵也捣不烂。这就像轻而圆滑的漆珠，力大之人反而不能轻易抓取它，是一个道理。捣好的茶叶好像一条茎梗也没有。这样的茶饼烘烤后，就会柔软得像婴儿的手臂。烤好的茶饼要趁热用纸袋包装起来，使它的香气不致散失，等冷却了再碾成末。上等的茶末，其碎屑如细米；下等的茶末，其碎屑如菱角状。

● 注释

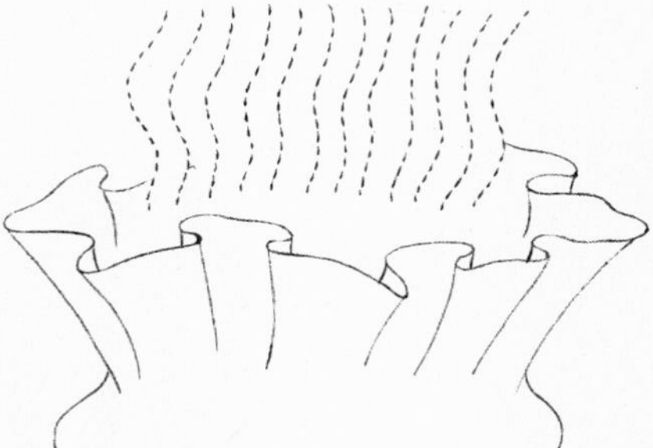

原文

●注释

其火用炭，次用劲薪。谓桑、槐、桐、枥之类也。其炭，曾经燔炙，为膻腻所及，及膏木、败器不用之。膏木为柏、桂、桧也，败器谓朽废器也。古人有劳薪之味，信哉。

译文

●注释

烤煮茶的燃料最好用木炭，其次用火力强劲的木柴。如桑、槐、桐、枥之类的木柴。曾经烤过肉，染上了腥膻油腻气味的木炭，以及有油脂的木柴、朽坏的木器都不能用。膏木如柏、桂、桧等之类，败器，即腐朽木器。古人说用不适宜的木柴烧煮食物会有怪味，确实如此。

原文

注释

其水，用山水上，江水次，井水下。《荈赋》所谓：『水则岷方之注，揖彼清流。』其山水，拣乳泉、石池慢流者上；其瀑涌湍漱，勿食之，久食令人有颈疾。又多别流于山谷者，澄浸不泄，自火天至霜郊以前，或潜龙蓄毒于其间，饮者可决之，以流其恶，使新泉涓涓然，酌之。其江水取去人远者，井取汲多者。

译文

注释

煮茶的水，以山水为最好，江河水次之，井水最差。《荈赋》中说：『水要汲取岷江流淌的清水。』山水，最好选取乳泉、石池中流动缓慢的水，急流奔涌翻腾回旋的水不要饮用，长期喝这种水会使人颈部生病。此外还有一些停蓄于山谷的水泽，水虽清澈，但不流动。从酷暑到霜降期间，或许有虫蛇潜伏其中，污染水质，喝这种水，应先挖开缺口，让污秽有毒的水流走，使新的泉水涓涓而流，方可汲取饮用。江河水要到远离人烟的地方去取，井水则要从经常取用的井中汲取。

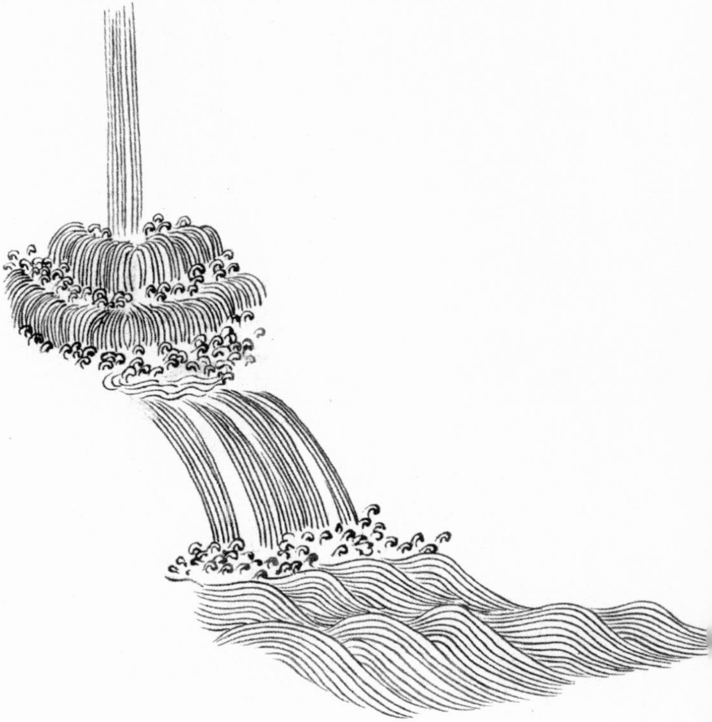

原文

其沸如鱼目，微有声，为一沸。缘边如涌泉连珠，为二沸。腾波鼓浪，为三沸。已上水老，不可食也。初沸，则水合量调之以盐味，谓弃其啜余。啜，尝也，市税反，又市悦反。无乃『䶣』『𪉨』而钟其一味乎。上古暂反，下吐滥反，无味也。第二沸出水一瓢，以竹筴环激汤心，则量末当中心而下。有顷，势若奔涛溅沫，以所出水止之，而育其华也。

译文

煮水时，锅底冒出鱼眼般的水泡，有轻微的声响，此为『一沸』。锅边缘四周有如涌泉般水泡连珠时，称作『二沸』。当水在锅中翻腾如浪时，已经是『三沸』。水这时再继续煮，水就过老不宜饮用了。水刚开始沸腾时，根据水量加入适当的盐来调味，倒掉尝剩下的水。啜是品尝的意思，音市税反，又市悦反。切勿因为水无味而只钟爱盐这一种味道。『䶣』音古暂反，『𪉨』音吐滥反，『䶣』『𪉨』意为无味。第二沸时，舀出一瓢水，用竹筴在沸水中心转圈搅动，用则量取茶末从旋涡中心倒入。一会儿，锅中波涛翻滚，水沫飞溅，就把刚才舀出的水掺入，减弱水的沸腾，以保养表面生成的汤花。

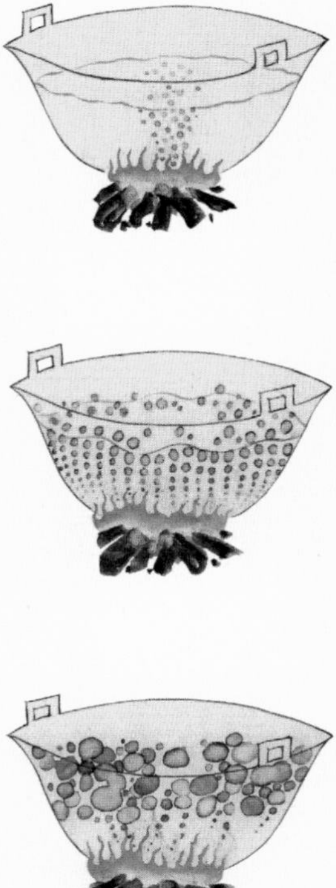

原文

注释

凡酌，置诸碗，令沫饽均。《字书》并《本草》：饽，茗沫也。蒲笏反。沫饽，汤之华也。华之薄者曰沫，厚者曰饽。细轻者曰花，如枣花漂漂然于环池之上；又如回潭曲渚青萍之始生；又如晴天爽朗有浮云鳞然。其沫者，若绿钱浮于水渭，又如菊英堕于鐏俎之中。饽者，以滓煮之，及沸，则重华累沫，皤皤然若积雪耳。《荈赋》所谓『焕如映雪，烨若春藪』，有之。

译文

注释

饮茶时，将茶分舀到碗中，要让每只碗里的沫饽均匀。《字书》并《本草》说：饽是茶表面的泡沫。音蒲笏反。沫饽，就是茶汤的精华。薄的叫沫，厚的叫饽。轻微细小的叫花，花有的像枣花落在圆形的池塘中漂然浮动；有的像回环的潭水、曲折的洲渚间新生的浮萍；有的又像晴朗天空中的鳞状浮云。沫，好似青苔浮在水边，又如菊花飘落杯碗之中。饽，是烹煮茶滓沸腾后，茶汤表面累积的层层泡沫，白白的像积雪一般。《荈赋》中讲的『明亮似映雪，灿烂如春花』，确实如此。

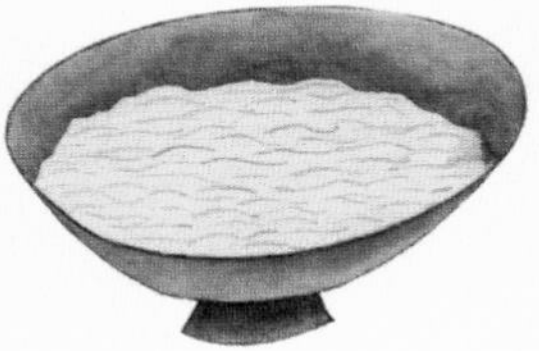

原文

●注释

第一煮水沸，而弃其沫，之上有水膜，如黑云母，饮之则其味不正。其第一者为隽永，徐县、全县二反。至美者曰隽永。隽，味也；永，长也。味长曰隽永。《汉书》：蒯通著《隽永》二十篇也。或留熟盂以贮之，以备育华救沸之用。诸第一与第二、第三碗次之。第四、第五碗外，非渴甚莫之饮。凡煮水一升，酌分五碗。碗数少至三，多至五。若人多至十，加两炉。乘热连饮之，以重浊凝其下，精英浮其上。如冷，则精英随气而竭，饮啜不消亦然矣。

译文

●注释

第一次煮沸的水，要把表面一层像黑云母样的膜状物去掉，饮用的话味道不好。此后，从锅里舀出的第一瓢水，味美味长，称为隽永，隽音徐县反、全县反。最美的味道称为隽永。隽，味道；永，长久。味长就是隽永。《汉书》中说：蒯通著《隽永》二十篇。通常贮存在熟盂中，用来减轻沸腾、养育汤花。之后舀出的第一、第二、第三碗的茶汤，味道略差些。第四、第五碗以后的，如果不是渴得太厉害，就不值得饮用了。通常煮一升水的茶，分为五碗。碗数最少三碗，最多五碗。如果饮茶人数多达十人，就应加煮两炉。喝茶要趁热连着饮用，因为杂质浊物凝聚在底下，而精华漂浮在上面。如果茶冷了，精华就会随着热气散失消竭，即使喝太多也一样。

原文

茶性俭，不宜广，广则其味黯澹。且如一满碗，啜半而味寡，况其广乎！其色缃也，其馨欸也。香至美曰欸，欸音使。其味甘，檟也；不甘而苦，荈也；啜苦咽甘，茶也。《本草》云：其味苦而不甘，檟也；甘而不苦，荈也。

● 注释

译文

茶性俭约，煮水不宜多，水多味道就会淡薄。就像一满碗茶，喝到一半就觉得味道差了些，更何况水加多了呢！茶的汤色浅黄，味道香美。最香美的味道称欸，欸音使。品尝味道甘甜的是檟，不甜而苦的是荈，入口时略带苦味而咽下去有余甘的是茶。《本草》说：味道苦而不甜的是檟，甜而不苦的是荈。

● 注释

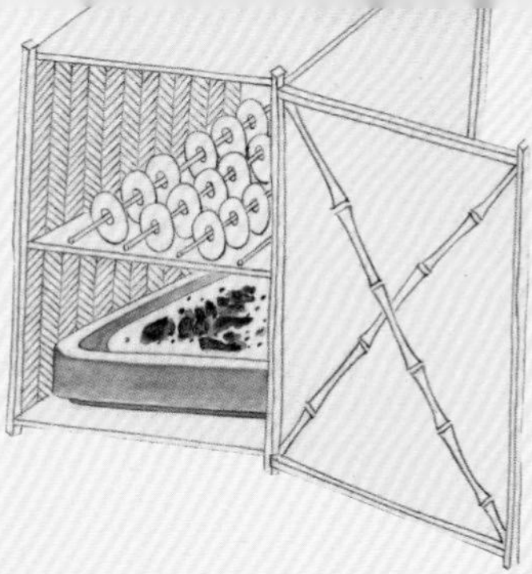

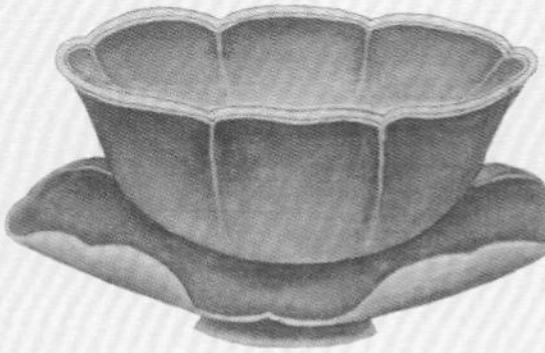
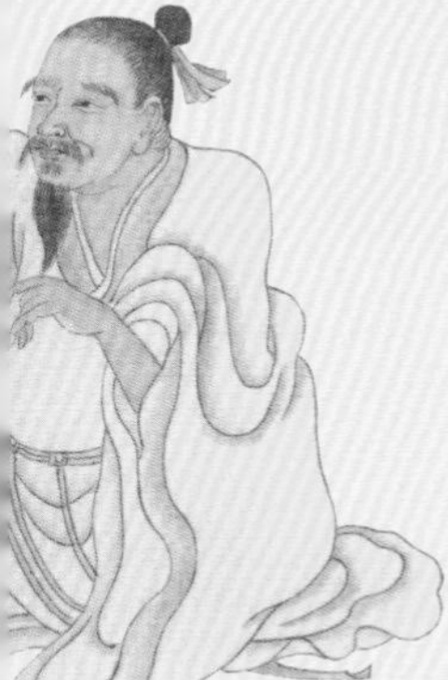

六之饮

原文

翼而飞，毛而走，呿而言。此三者俱生于天地间，饮啄以活，饮之时义远矣哉！至若救渴，饮之以浆；蠲忧忿，饮之以酒；荡昏寐，饮之以茶。

译文

有翅而飞翔的禽类，有毛而奔走的兽类，开口能言语的人类，这三者都生存在天地之间，依靠喝水、吃食物来维持生命，可见喝饮的作用重大，意义深远。为了解渴，则要饮浆；为了消愁解闷，则要饮酒；为了提神解困，则要饮茶。

原文

茶之为饮，发乎神农氏，闻于鲁周公。齐有晏婴，汉有扬雄、司马相如，吴有韦曜，晋有刘琨、张载、远祖纳、谢安、左思之徒，皆饮焉。滂时浸俗，盛于国朝，两都并荆渝间，以为比屋之饮。

译文

茶作为饮品，开始于神农氏，由周公旦作了文字记载而被世人所知。春秋时齐国的晏婴，汉代的扬雄、司马相如，三国时吴国的韦曜，晋代的刘琨、张载、远祖纳、谢安、左思等人都爱饮茶。后来流传广泛，逐渐形成风气，到了唐朝，饮茶之风非常盛行，在西安、洛阳两个都城以及江陵、重庆等地，更是家家户户饮茶。

原文

饮有觕茶、散茶、末茶、饼茶者，乃斫、乃熬、乃炀、乃舂，贮于瓶缶之中，以汤沃焉，谓之痷茶。或用葱、姜、枣、橘皮、茱萸、薄荷之等，煮之百沸，或扬令滑，或煮去沫。斯沟渠间弃水耳，而习俗不已。

译文

饮用的茶，有粗茶、散茶、末茶、饼茶。这些茶经过伐采、蒸熬、烤炙、碾磨，放到瓶缶中，用开水冲泡，这叫做浸泡的茶。或加入葱、姜、枣、橘皮、茱萸、薄荷等，煮沸很长时间，或者把茶汤扬起令其柔滑，或者把茶汤上的『沫』去掉。这样煮出来的茶汤无异于沟渠里的废水，可是这样的习俗至今仍在延续。

原文

於戏！天育万物，皆有至妙。人之所工，但猎浅易。所庇者屋，屋精极；所著者衣，衣精极；所饱者饮食，食与酒皆精极之。茶有九难：一曰造，二曰别，三曰器，四曰火，五曰水，六曰炙，七曰末，八曰煮，九曰饮。阴采夜焙，非造也；嚼味嗅香，非别也；膻鼎腥瓯，非器也；膏薪庖炭，非火也；飞湍壅潦，非水也；外熟内生，非炙也；碧粉缥尘，非末也；操艰搅遽，非煮也；夏兴冬废，非饮也。

译文

呜呼！天生万物，都有它最精妙之处。人们所擅长的，只是那些浅显易做的。住的是房屋，房屋构造精致极了；穿的是衣服，衣服做得精美极了；填饱肚子的是饮食，食物和酒都精美极了。而茶要做到精致则有九大难点：一是制造，二是识别，三是器具，四是用火，五是用水，六是烤炙，七是研末，八是烹煮，九是品饮。阴天采摘，夜间焙制，是制造不当；凭口嚼辨味，鼻闻辨香，是鉴别不当；用沾染了膻腥气的锅碗，是器具不当；用有油烟的柴和烤过肉的炭，是燃料不当；用急流奔涌或停滞不流的水，是用水不当；烤得外熟内生，是烤炙不当；把茶研磨得太细，呈青白色的粉末，是研末不当；操作不熟练或搅动太急，是烹煮不当；夏天喝而冬天不喝，是饮用不当。

造别器

火水炙

末煮飲

原文

夫珍鲜馥烈者，其碗数三。次之者，碗数五。若坐客数至五，行三碗；至七，行五碗；若六人已下，不约碗数，但阙一人而已，其隽永补所阙人。

译文

珍贵鲜美芳香浓烈的茶，一炉只有三碗。其次是五碗。倘若客人达到五人，就分舀三碗；达到七人，就以五碗匀分；倘若是六人以下，就不用管碗数，只要按少一个人计算，用『隽永』来补充所少算的一份。

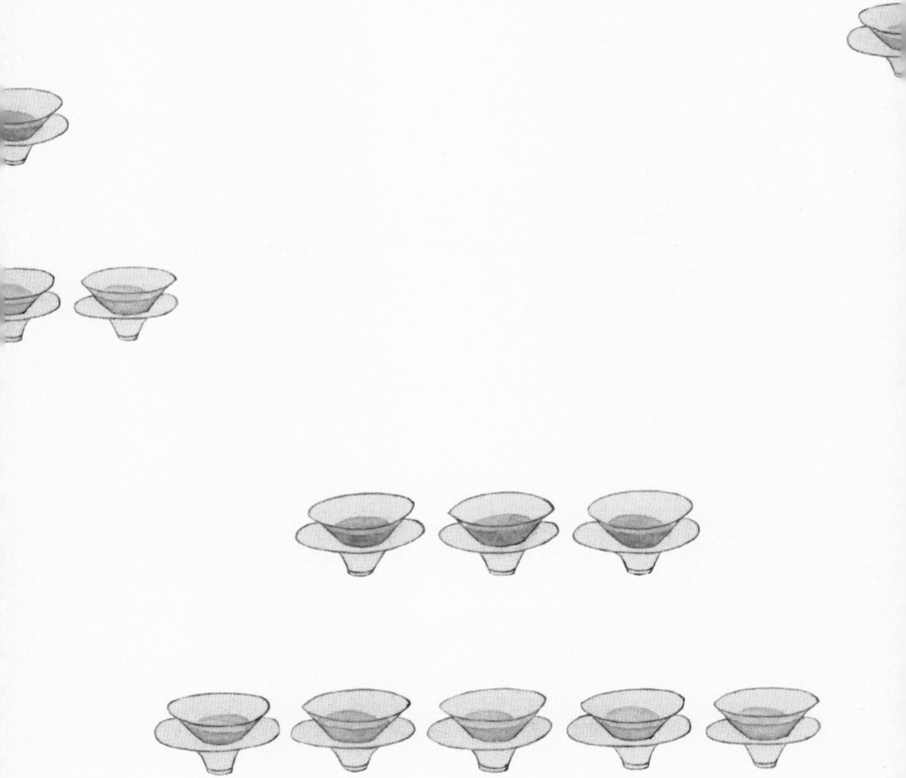

七之事

原文

三皇　炎帝神农氏

译文

三皇　炎帝神农氏

原文

周　鲁周公旦，齐相晏婴

译文

春秋周　鲁国周公姬旦，齐国国相晏婴

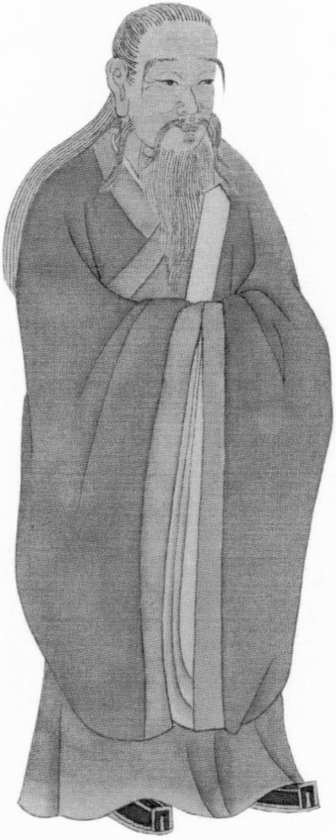

原文

汉　仙人丹丘子，黄山君，司马文园令相如，扬执戟雄

译文

汉　仙人丹丘子，黄山君，孝文园令司马相如，执戟郎扬雄

原文

吴 归命侯，韦太傅弘嗣

译文

三国吴 归命侯孙皓，太傅韦曜

原文

晋 惠帝，刘司空琨，琨兄子兖州刺史演，张黄门孟阳，傅司隶咸，江洗马统，孙参军楚，左记室太冲，陆吴兴纳，纳兄子会稽内史俶，谢冠军安石，郭弘农璞，桓扬州温，杜舍人育，武康小山寺释法瑶，沛国夏侯恺，余姚虞洪，北地傅巽，丹阳弘君举，乐安任育长，宣城秦精，敦煌单道开，剡县陈务妻。广陵老姥，河内山谦之

译文

晋惠帝司马衷，司空刘琨，刘琨兄之子兖州刺史刘演，黄门侍郎张载，司隶校尉傅咸，太子洗马江统，参军孙楚，记室督左思，吴兴人陆纳，陆纳兄之子会稽内史陆俶，冠军谢安石，弘农太守郭璞，扬州牧桓温，中书舍人杜育，武康小山寺释法瑶，沛国人夏侯恺，余姚人虞洪，北地人傅巽，丹阳人弘君举，乐安人任瞻，宣城人秦精，敦煌人单道开，剡县陈务之妻，广陵一老妇人，河内人山谦之

原文

后魏　琅邪王肃

译文

北魏　琅邪人王肃

原文

宋 新安王子鸾，鸾兄豫章王子尚，鲍照妹令晖，八公山沙门昙济

译文

南朝宋 新安王刘子鸾，刘子鸾之兄豫章王刘子尚，鲍照之妹鲍令晖，八公山和尚昙济

原文

齐 世祖武帝

译文

南朝齐 世祖武帝萧赜

原文

梁 刘廷尉，陶先生弘景

译文

南朝梁 廷尉刘孝绰，贞白先生陶弘景

原文

皇朝　徐英公勣。

译文

唐朝　英国公徐勣。

原文

《神农食经》："茶茗久服，令人有力、悦志。"

译文

《神农食经》记载："长期饮茶，令人精神饱满、心情愉悦。"

原文

周公《尔雅》：『槚，苦荼。』

译文

周公《尔雅》记载：『槚，就是苦荼。』

原文

《广雅》云：『荆、巴间采叶作饼，叶老者，饼成，以米膏出之。欲煮茗饮，先炙令赤色，捣末置瓷器中，以汤浇覆之，用葱、姜、橘子芼之。其饮醒酒，令人不眠。』

译文

《广雅》说：『荆州、巴州一带，采摘茶叶制作茶饼，叶子老的，制成茶饼后，要用米糊浸泡它。想煮茶饮用时，先烤炙茶饼至呈现红色，捣成碎末放置在瓷器中，冲入开水，或放些葱、姜、橘子合着煎煮。喝了这样的茶可以醒酒，使人精神振奋，没有睡意。』

原文

《晏子春秋》：『婴相齐景公时，食脱粟之饭，炙三弋、五卵，茗菜而已。』

译文

《晏子春秋》记载：『晏婴担任齐景公的国相时，吃的是糙米饭，烤炙几样禽肉禽蛋，茶和蔬菜而已。』

原文

司马相如《凡将篇》：『乌喙、桔梗、芫华、款冬、贝母、木蘗、蒌、芩草、芍药、桂、漏芦、蜚廉、雚菌、荈诧、白敛、白芷、菖蒲、芒消、莞椒、茱萸。』

译文

汉代司马相如《凡将篇》在药物类中记载：『乌喙、桔梗、芫花、款冬、贝母、黄蘗、蒌菜、芩草、芍药、桂皮、漏芦、蜚蠊、雚菌、荈茶、白蔹、白芷、菖蒲、芒硝、莞椒、茱萸。』

原文

《方言》：『蜀西南人谓茶曰葭。』

译文

汉代扬雄《方言》记载：『蜀西南人把茶称作葭。』

原文

《吴志·韦曜传》：『孙皓每飨宴，坐席无不率以七升为限，虽不尽入口，皆浇灌取尽。曜饮酒不过二升。皓初礼异，密赐茶荈以代酒。』

译文

《三国志·吴书·韦曜传》记载：『孙皓每次设宴，规定每人要饮酒七升，即使不全部喝下去，也都要酌取完毕。韦曜酒量不超过二升。孙皓当初非常敬重他，暗地里赐茶以代替酒。』

原文

● 注释

《晋中兴书》：『陆纳为吴兴太守时，卫将军谢安常欲诣纳。《晋书》云：纳为吏部尚书。纳兄子俶怪纳无所备，不敢问之，乃私蓄十数人馔。安既至，所设唯茶果而已。俶遂陈盛馔，珍羞必具。及安去，纳杖俶四十，云：「汝既不能光益叔父，奈何秽吾素业？」』

译文

● 注释

《晋中兴书》记载：『陆纳任吴兴太守时，卫将军谢安常想去拜访陆纳。《晋书》说：陆纳为吏部尚书。陆纳哥哥之子陆俶奇怪他没什么准备，但又不敢过问，便私自准备了十多人的菜肴。谢安来后，陆纳仅仅用茶和果品来招待。陆俶于是摆上丰富的菜肴，各种珍味都有。等到谢安走后，陆纳打了陆俶四十棍，说：「你既然不能给叔父增光，为何还要玷污我廉洁的操守呢？」』

原文

《晋书》：『桓温为扬州牧，性俭，每燕饮，唯下七奠拌茶果而已。』

译文

《晋书》记载：『桓温任扬州牧时，生性节俭，每次宴饮，只设七盘茶果而已。』

原文

《搜神记》：『夏侯恺因疾死。宗人字苟奴察见鬼神。见恺来收马，并病其妻。著平上帻，单衣，入坐生时西壁大床，就人觅茶饮。』

译文

《搜神记》记载：『夏侯恺因病去世后，同族人苟奴能够看见鬼神，看见夏侯恺来取马匹，并使他的妻子也生了病。他戴着平顶头巾，穿着单衣，进屋坐在生前常坐的靠西墙的大床上，向人要茶喝。』

原文

刘琨《与兄子南兖州刺史演书》云：『前得安州干姜一斤，桂一斤，黄芩一斤，皆所须也。吾体中愦闷，常仰真茶，汝可置之。』

译文

刘琨《与兄子南兖州刺史演书》中写道：『先前收到你寄来的一斤安州干姜，一斤桂，一斤黄芩，都是我所需要的。我身体不适心情烦闷时，常常仰靠好茶来提神解闷，你可以多置办一些。』

原文

傅咸《司隶教》曰：『闻南市有蜀妪作茶粥卖，为廉事打破其器具，后又卖饼于市。而禁茶粥以困蜀姥，何哉？』

译文

傅咸《司隶教》中说：『听说南市有一位四川老妇做茶粥卖，廉事打破她的器具，之后她又在市中卖饼。然而禁卖茶粥为难四川老妇，这究竟是为什么呢？』

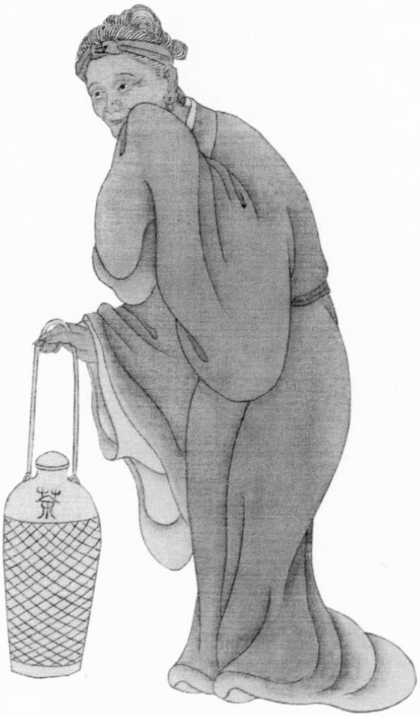

原文

《神异记》：『余姚人虞洪入山采茗，遇一道士，牵三青牛，引洪至瀑布山曰：「吾，丹丘子也。闻子善具饮，常思见惠。山中有大茗，可以相给。祈子他日有瓯牺之余，乞相遗也。」因立奠祀，后常令家人入山，获大茗焉。』

译文

《神异记》记载：『余姚人虞洪进山采茶时，遇见一位道士，牵着三头青牛。道士指引虞洪到瀑布山，说：「我是丹丘子。听说你善于煮茶饮，常常想着请你送我一些品尝。山中有大茶树，可以供你采摘。希望你日后有多余的茶时，能送些给我喝。」于是，虞洪设奠祭祀，后来常叫家人进山，果然找到大茶树。』

原文

左思《娇女诗》：『吾家有娇女，皎皎颇白皙。小字为纨素，口齿自清历。有姊字惠芳，眉目粲如画。驰骛翔园林，果下皆生摘。贪华风雨中，倏忽数百适。心为茶荈剧，吹嘘对鼎䥶。』

译文

左思《娇女诗》说：『我家有娇女，肤色很白皙。小妹叫纨素，口齿很伶俐。姐姐叫惠芳，眉目美如画。蹦跳园林中，未熟就摘果。恋美风雨中，顷刻百进出。心急欲饮茶，对炉帮吹气。』

原文

张孟阳《登成都楼》诗云：

『借问扬子舍，相见长卿庐。程卓累千金，骄侈拟五侯。门有连骑客，翠带腰吴钩。鼎食随时进，百和妙且殊。披林采秋橘，临江钓春鱼。黑子过龙醢，果馔逾蟹蝑。芳茶冠六清，溢味播九区。人生苟安乐，兹土聊可娱。』

译文

张孟阳《登成都楼》诗中说：

『请问扬雄的故居在何处？司马相如的故居又是哪般模样？昔日程郑、卓王孙两大豪门积累千金，骄横奢侈可比王侯之家。他们的家门前经常有连骑而来的贵客，镶嵌翠玉的腰带上佩挂名贵的刀剑。家中钟鸣鼎食，百味调和，精妙无双。秋天，人们走进橘林中采摘柑橘；春天，人们可在江边把竿垂钓。黑子的美味胜过龙肉酱，果品菜肴鲜美胜过蟹酱。芳香的茗茶胜过各种饮品，美誉传遍全天下。如果寻求人生的安乐，成都这个地方还是能够让人尽享欢娱的。』

原文

傅巽《七诲》：『蒲桃宛柰，齐柿燕栗，峘阳黄梨，巫山朱橘，南中茶子，西极石蜜。』

译文

傅巽《七诲》记载：『蒲地的桃子，宛地的苹果，齐地的柿子，燕地的栗子，峘阳的黄梨，巫山的红橘，南中的茶子，西极的石蜜。』

原文

弘君举《食檄》：『寒温既毕，应下霜华之茗；三爵而终，应下诸蔗、木瓜、元李、杨梅、五味、橄榄、悬豹、葵羹各一杯。』

译文

弘君举《食檄》说：『相见寒暄过后，应先喝沫白如霜的好茶；三杯酒之后，应再呈上甘蔗、木瓜、元李、杨梅、五味、橄榄、悬豹、葵羹各一杯。』

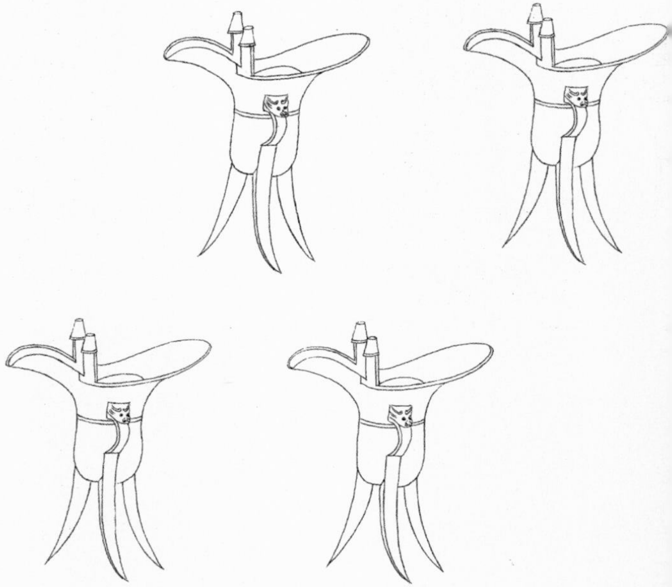

原文

孙楚《歌》：『茱萸出芳树颠，鲤鱼出洛水泉。白盐出河东，美豉出鲁渊。姜、桂、荼荈出巴蜀，椒、橘、木兰出高山。蓼苏出沟渠，精稗出中田。』

译文

孙楚《歌》说：『茱萸出自佳木顶，鲤鱼产在洛水泉。白盐出产于河东，美豉出产于鲁地湖泽。姜、桂、茶荈出产于巴蜀，椒、橘、木兰出产于高山。蓼苏生长在沟渠，精米生长在田中。』

原文

华佗《食论》：『苦茶久食，益意思。』

译文

华佗《食论》说：『长期饮茶，能增益思考。』

原文

壶居士《食忌》：『苦茶久食，羽化；与韭同食，令人体重。』

译文

壶居士《食忌》说：『长期饮茶，能使人神清气爽；茶与韭菜一起食用，会让人肢体重浊。』

原文

郭璞《尔雅注》云：『树小似栀子，冬生叶可煮羹饮。今呼早取为荼，晚取为茗，或一曰荈，蜀人名之苦荼。』

译文

郭璞《尔雅注》说：『茶树小如栀子，冬季叶不凋零，可煮羹饮用。现在把早采的叫荼，晚采的叫茗，或叫荈，蜀地的人称它为苦荼。』

原文

《世说》：『任瞻，字育长，少时有令名，自过江失志。既下饮，问人云：「此为茶？为茗？」觉人有怪色，乃自申明云：「向问饮为热为冷。」』

译文

《世说》记载：『任瞻，字育长，年少时有美好的声誉，自从过江南渡后就恍恍惚惚失去神智。一次饮茶时，他问人说：「这是茶，还是茗？」当发觉别人疑惑不解的神情时，便自己辩解说：「刚才问的是热茶还是冷茶。」』

原文

《续搜神记》:『晋武帝世,宣城人秦精,常入武昌山采茗。遇一毛人,长丈余,引精至山下,示以丛茗而去。俄而复还,乃探怀中橘以遗精。精怖,负茗而归。』

译文

《续搜神记》记载:『晋武帝时,宣城人秦精,经常到武昌山采茶。遇见一个毛人,一丈多高,领秦精到山下,把茶树丛指给他看后便离开了。过了一会儿毛人又回来,从怀中拿出橘子送给秦精。秦精感到很害怕,赶紧背着茶叶回家。』

原文

《晋四王起事》：『惠帝蒙尘还洛阳，黄门以瓦盂盛茶上至尊。』

译文

《晋四王起事》记载：『（赵王司马伦之乱时）惠帝逃难到外面，后又返回洛阳时，黄门侍郎用粗陶碗盛着茶献给他喝。』

原文

《异苑》：『剡县陈务妻，少与二子寡居，好饮茶茗。以宅中有古冢，每饮辄先祀之。二子患之曰：「古冢何知？徒以劳意。」欲掘去之。母苦禁而止。其夜，梦一人云：「吾止此冢三百余年，卿二子恒欲见毁，赖相保护，又享吾佳茗，虽潜壤朽骨，岂忘翳桑之报。」及晓，于庭中获钱十万，似久埋者，但贯新耳。母告二子，惭之，从是祷馈愈甚。』

译文

《异苑》记载：『剡县陈务的妻子，年纪轻轻就带着两个儿子守寡，喜欢饮茶。因为住处有一古墓，每次饮茶时总先奉祭它。两个儿子对此感到厌烦，说：「古墓知道什么？这么做真是白费力气。」想把古墓挖掉。母亲苦苦相劝，得以制止。当夜，母亲梦见一人说：「我住在这墓里三百多年了，你的两个儿子总想要毁掉它，幸亏你保护，又让我享用好茶，我虽是地下的朽骨，但怎能忘记你的恩情不报。」天亮后，母亲在院子里得到了十万铜钱，像是埋在地下很久，但是穿钱的绳子是新的。母亲把此事告诉两个儿子，他们感到很惭愧，从此更加诚心地以茶祭祷。』

原文

《广陵耆老传》：『晋元帝时有老姥，每旦独提一器茗，往市鬻之，市人竞买。自旦至夕，其器不减，所得钱散路傍孤贫乞人，人或异之。州法曹絷之狱中。至夜，老姥执所鬻茗器，从狱牖中飞出。』

译文

《广陵耆老传》记载：『晋元帝时，有一位老妇人，每天早晨独自提着一器皿的茶，到市上去卖，市里的人争相买她的茶喝。从早到晚，器皿里的茶不减少。她把赚得的钱分送给路旁的孤儿、穷人和乞丐。有人对她的行为感到奇怪，向官府报告，州的官吏把她捆进监狱。到了晚上，老妇人手提卖茶的器皿，从监狱窗口飞了出去。』

原文

《艺术传》：『敦煌人单道开，不畏寒暑，常服小石子。所服药有松、桂、蜜之气，所饮茶苏而已。』

译文

《晋书·艺术列传》记载：『敦煌人单道开，不怕严寒和酷暑，经常服食小石子。所服药有松脂、肉桂、蜜的香气，所饮用的只有茶和紫苏而已。』

原文

释道说《续名僧传》：『宋释法瑶，姓杨氏，河东人。元嘉中过江，遇沈台真，请真君武康小山寺，年垂悬车，饭所饮茶。大明中，敕吴兴礼致上京，年七十九。』

译文

释道说《续名僧传》记载：『南朝宋时的和尚法瑶，本姓杨，河东人。元嘉年间过江，遇见了沈演之，请沈演之到武康小山寺。这时法瑶已经年近七十，用饮茶当饭。大明年间，南朝宋孝武帝诏令吴兴官员将法瑶礼送进京，那时他年纪为七十九。』

原文

宋《江氏家传》：『江统，字应元，迁愍怀太子洗马，尝上疏。谏云：「今西园卖醯、面、蓝子、菜、茶之属，亏败国体。」』

译文

宋《江氏家传》记载：『江统，字应元，升任愍怀太子洗马时，经常上疏。曾经劝谏道：「现在西园卖醋、面、篮子、菜、茶之类的东西，有损国家体统。」』

原文

《宋录》：『新安王子鸾、豫章王子尚诣昙济道人于八公山，道人设茶茗。子尚味之曰：「此甘露也，何言茶茗？」』

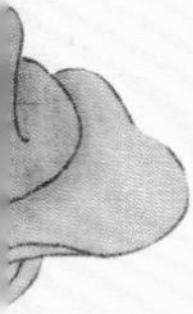

译文

《宋录》记载：『新安王刘子鸾、豫章王刘子尚到八公山拜访昙济道人，昙济设茶招待。子尚品尝后说：「这是甘露啊，怎么能说是茶呢？」』

原文

王微《杂诗》：『寂寂掩高阁，寥寥空广厦。待君竟不归，收领今就槚。』

译文

王微《杂诗》：『静静关上高阁的门，空空的广厦孤单一人。迟迟等不到夫君的归来，失望惆怅只有饮茶解忧怀。』

原文

鲍照妹令晖著《香茗赋》。

译文

鲍照的妹妹鲍令晖写了篇《香茗赋》。

原文

南齐世祖武皇帝遗诏：『我灵座上慎勿以牲为祭，但设饼果、茶饮、干饭、酒脯而已。』

译文

南齐世祖武皇帝在遗诏中说：『我的灵座上一定不要杀牲做祭品，只须摆上饼果、茶饮、干饭、酒脯就可以了。』

原文

梁刘孝绰《谢晋安王饷米等启》：『传诏李孟孙宣教旨，垂赐米、酒、瓜、笋、菹、脯、酢、茗八种。气苾新城，味芳云松。江潭抽节，迈昌荇之珍；疆埸擢翘，越葺精之美。羞非纯束野麕，裛似雪之驴。鲊异陶瓶河鲤，操如琼之粲。茗同食粲，酢类望柑。免千里宿春，省三月粮聚。小人怀惠，大懿难忘。』

译文

南朝梁刘孝绰《谢晋安王饷米等启》呈文中说：『传诏李孟孙宣布了您的告谕，赏赐给我米、酒、瓜、笋、菹、脯、酢、茗八种食品。新城的米非常芳香，香高入云。江潭初生的竹笋，鲜美胜过香菖蒲、荇菜。田里摘来最好的瓜，加倍的美味。肉脯虽不是白茅包扎的獐鹿肉，却是包裹精美雪白的干肉脯。腌鱼比陶瓶里装的黄河鲤鱼更加美味，馈赠的大米像琼玉一样晶莹。茶和精米一样的好，馈赠的醋像看着柑橘就感到酸味一样的好。您赏赐的食物如此丰盛，使我好长时间都不用自己去筹措收集了。我记着您的恩惠，您的大德永记不忘。』

原文

陶弘景《杂录》：『苦茶轻身换骨，昔丹丘子、黄山君服之。』

译文

陶弘景《杂录》中说：『苦茶使人轻身换骨，从前丹丘子、黄山君都饮用它。』

原文

《后魏录》：『琅邪王肃仕南朝，好茗饮、莼羹。及还北地，又好羊肉、酪浆。人或问之：「茗何如酪？」肃曰：「茗不堪与酪为奴。」』

译文

《后魏录》记载：『琅邪人王肃在南朝做官时，喜好饮茶、吃莼菜羹。等到回到北方，又喜欢吃羊肉、喝羊奶。有人问他：「茶比奶酪怎么样？」王肃说：「茶不能忍受给奶酪做奴仆。」』

原文

《桐君录》：『西阳、武昌、庐江、晋陵好茗，皆东人作清茗。茗有饽，饮之宜人。凡可饮之物，皆多取其叶。天门冬、拔揳取根，皆益人。又巴东别有真茗茶，煎饮令人不眠。俗中多煮檀叶并大皂李作茶，并冷。又南方有瓜芦木，亦似茗，至苦涩，取为屑茶饮，亦可通夜不眠。煮盐人但资此饮，而交、广最重，客来先设，乃加以香芼辈。』

译文

《桐君录》记载：『西阳、武昌、庐江、晋陵等地的人都喜爱饮茶，主人用清茶招待客人。茶有汤花沫饽，喝了对人有好处。凡可作饮品的植物，大都采用它的叶子。而天门冬、拔揳却用它的根，也对人有益。此外，巴东地区另有一种真正的好茶，煮饮后使人兴奋不睡。当地人习惯把檀叶和大皂李叶煎煮当茶饮，两者都清凉爽口。还有南方的瓜芦木，也像茶，味道非常苦涩，捣成碎末后煮饮，也可以使人整夜不眠。煮盐的人全靠喝这种茶，而交州、广州最为重视，客人来了先用它来招待，还会在其中添加各种香料。』

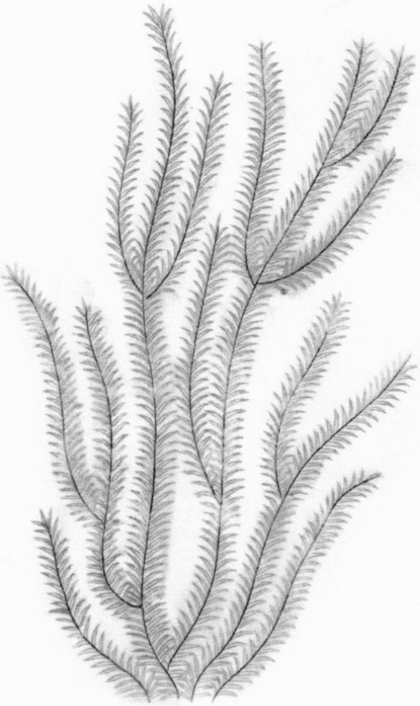

原文

《坤元录》：『辰州溆浦县西北三百五十里无射山，云蛮俗当吉庆之时，亲族集会歌舞于山上。山多茶树。』

译文

《坤元录》记载：『辰州溆浦县西北三百五十里有无射山，当地土人风俗，每逢吉庆日，亲族都会到山上集会歌舞。山上有很多茶树。』

原文

《括地图》：『临蒸县东一百四十里有茶溪。』

译文

《括地图》记载：『在临蒸县以东一百四十里处，有茶溪。』

原文

山谦之《吴兴记》：『乌程县西二十里，有温山，出御荈。』

译文

山谦之《吴兴记》记载：『乌程县以西二十里有温山，出产上贡的御茶。』

原文

《夷陵图经》：『黄牛、荆门、女观、望州等山，茶茗出焉。』

译文

《夷陵图经》记载：『黄牛、荆门、女观、望州等山，都出产茶叶。』

原文

《永嘉图经》：『永嘉县东三百里有白茶山。』

译文

《永嘉图经》记载：『永嘉县以东三百里有白茶山。』

原文

《淮阴图经》：『山阳县南二十里有茶坡。』

译文

《淮阴图经》记载：『山阳县以南二十里有茶坡。』

◎原文

《茶陵图经》云：『茶陵者，所谓陵谷生茶茗焉。』

◎译文

《茶陵图经》说：『茶陵，就是陵谷中生长着茶的意思。』

原文

《本草·木部》：『茗，苦茶。味甘苦，微寒，无毒。主瘘疮，利小便，去痰渴热，令人少睡。秋采之苦，主下气消食。』注云：『春采之。』

译文

《本草·木部》记载：『茗，就是苦茶。味甘苦，性微寒，无毒。主治瘘疮，利尿，去痰，解渴，散热，使人少睡。秋天采摘的味苦，能通气，助消化。』原注说：『春天采茶。』

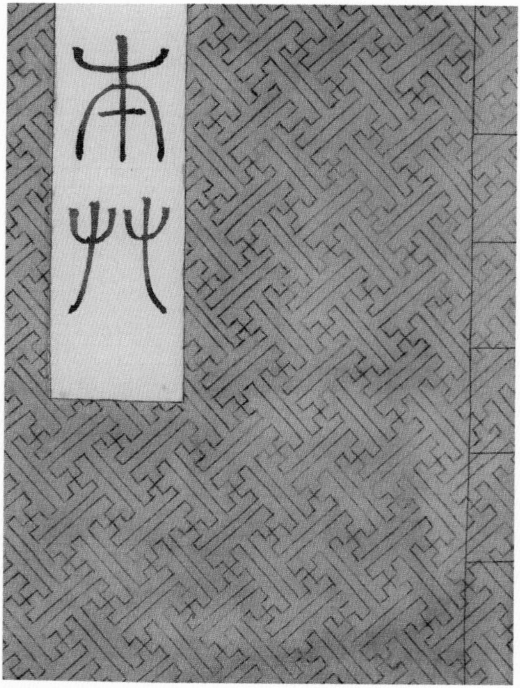

原文

《本草·菜部》：『苦菜，一名荼，一名选，一名游冬，生益州川谷，山陵道傍，凌冬不死。三月三日采，干。』注云：『疑此即是今茶，一名荼，令人不眠。』《本草》注：『按《诗》云「谁谓荼苦」，又云「堇荼如饴」，皆苦菜也。陶谓之苦荼，木类，非菜流。茗春采，谓之苦𣘻途遐反。』

译文

注释

《本草·菜部》记载：『苦菜，又叫荼，又叫选，又叫游冬，生长在益州的河谷、山陵和路旁，寒冬也冻不死。三月三日采摘，制干。』陶弘景注：『可能这就是现今所称的茶，也叫荼，喝了让人不睡。』《本草》注：『按《诗经》中所说「谁谓荼苦」，又说「堇荼如饴」，指的都是苦菜。陶弘景所说的苦荼，是木本植物，不是菜类。茗，春季采摘，称为苦𣘻音途遐反。』

原文

《枕中方》：『疗积年瘘，苦茶、蜈蚣并炙，令香熟，等分，捣筛，煮甘草汤洗，以末傅之。』

译文

《枕中方》记载：『治疗多年的瘘疾，将苦茶和蜈蚣一起烤炙，直至烤熟散发出香气，分成相等的两份，捣碎筛成末，一份加甘草煮水擦洗，一份直接以末外敷。』

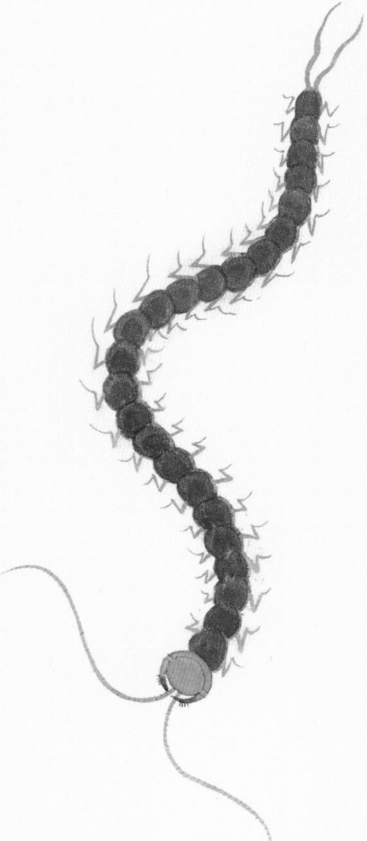

原文

《孺子方》：『疗小儿无故惊蹶，以苦茶、葱须煮服之。』

译文

《孺子方》记载：『治疗小儿不明原因的惊蹶，用苦茶和葱须煎水服用。』

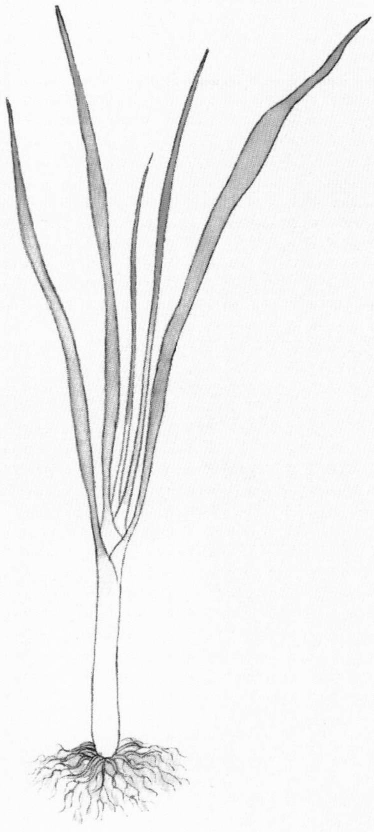

八之出

原文

山南，以峡州上，峡州生远安、宜都、夷陵三县山谷。襄州、荆州次，襄州生南漳县山谷，荆州生江陵县山谷。衡州下，生衡山、茶陵二县山谷。金州、梁州又下。金州生西城、安康二县山谷，梁州生褒城、金牛二县山谷。

译文

山南，以峡州所产的茶为最好，峡州出产于远安、宜都、夷陵三县的山谷。襄州、荆州产的茶次之，襄州产于南漳县山谷，荆州产于江陵县山谷。衡州产的茶差些，产于衡山、茶陵二县山谷。金州、梁州产的茶又差些。金州产于西城、安康二县山谷，梁州产于褒城、金牛二县山谷。

汾水
霍太山
姑射山
河東
王屋山
洛阳
華山
終南山
山南西
金州
梁州
義阳郡
山南東
襄州
夷陵
綿州
峡州
荆州

原文

淮南，以光州上，生光山县黄头港者，与峡州同。义阳郡、舒州次，生义阳县钟山者与襄州同，舒州生太湖县潜山者与荆州同。寿州下。盛唐县生霍山者与衡山同也。蕲州、黄州又下。蕲州生黄梅县山谷，黄州生麻城县山谷，并与金州、梁州同也。

译文

淮南，以光州所产的茶为最好，光山县黄头港的茶，与峡州茶品质相同。义阳郡、舒州产的茶次之，义阳县钟山产的茶与襄州相同，舒州太湖县潜山产的茶与荆州相同。寿州所产茶差些，盛唐县霍山产的茶与衡山相同。蕲州、黄州所产茶又差些。蕲州出产于黄梅县山谷，黄州出产于麻城县山谷，品质均与金州、梁州相同。

太行山
沁水
蘇門山
王屋山
汝水
嵩山
睢水
淮南
桐栢山
光州
寿州
八公山
義阳郡
襄州
濠州
黄州
舒州
漢水
天門山
鄂州
蕲州
荆州

原文

浙西，以湖州上，湖州，生长城县顾渚山谷，与峡州、光州同；生山桑、儒师二坞，白茅山、悬脚岭，与襄州、荆州、义阳郡同；生凤亭山伏翼阁飞云、曲水二寺、啄木岭，与寿州、衡州同；生安吉、武康二县山谷，与金州、梁州同。常州次，常州义兴县生君山悬脚岭北峰下，与荆州、义阳郡同；生圈岭善权寺、石亭山，与舒州同。宣州、杭州、睦州、歙州下，宣州生宣城县雅山，与蕲州同；太平县生上睦、临睦，与黄州同；杭州，临安、於潜二县生天目山，与舒州同；钱塘生天竺、灵隐二寺，睦州生桐庐县山谷，歙州生婺源山谷，与衡州同。润州、苏州又下。润州江宁县生傲山，苏州长洲县生洞庭山，与金州、蕲州、梁州同。

● 注释

译文

浙西，以湖州所产的茶为最好，湖州出产于长城县顾渚山谷的茶，与峡州、光州茶品质相同；产于山桑、儒师二坞，白茅山、悬脚岭的茶，与襄州、荆州、义阳郡相同；产于凤亭山伏翼阁飞云、曲水二寺、啄木岭的茶，与寿州、衡州相同；产于安吉、武康二县山谷的茶，与金州、梁州相同。常州所产茶次之，常州出产于义兴县君山悬脚岭北峰下的茶，与荆州、义阳郡相同；产于圈岭善权寺、石亭山的茶，与舒州相同。宣州、杭州、睦州、歙州所产茶差些，宣州宣城县雅山茶，与蕲州相同；太平县上睦、临睦出产的茶，与黄州相同；杭州，临安、於潜二县生天目山所产茶，与舒州相同；钱塘天竺、灵隐二寺的茶，睦州桐庐县山谷所产茶，歙州婺源山谷所产茶，与衡州相同。润州、苏州所产茶又差些。润州江宁县傲山所产茶，苏州长洲县洞庭山所产茶，与金州、蕲州、梁州品质相同。

● 注释

濮州
江南東
常州
蘓州
黄州
舒州
漢水
天門山
太湖
湖州
鄂州
蘄州
廬山
宣州
九華山
歙州
浙西
西湖
灵隱
杭州
西山
鄱阳
越州
江西
睦州
婺州
龍虎山
浙東
台山
袁州
吉州
武夷山
括蒼山
建州
貢水
章水
大庾岭

原文

剑南，以彭州上，生九陇县马鞍山至德寺、棚口，与襄州同。绵州、蜀州次，绵州龙安县生松岭关，与荆州同；其西昌、昌明、神泉县西山者并佳，有过松岭者不堪采。蜀州青城县生丈人山，与绵州同。青城县有散茶、木茶。邛州次，雅州、泸州下，雅州百丈山、名山，泸州泸川者，与金州同也。眉州、汉洲又下。眉州丹棱县生铁山者，汉洲绵竹县生竹山者，与润州同。

注释

译文

剑南，以彭州所产茶为最好，九陇县马鞍山至德寺、棚口所产茶，品质与襄州相同。绵州、蜀州所产茶次好，绵州龙安县生松岭关所产茶，与荆州相同；而西昌、昌明、神泉县西山所产茶都是好茶，过了松岭的茶就不值得采摘了。蜀州青城县丈人山所产茶，与绵州相同。青城县有散茶、木茶。邛州、雅州、泸州所产茶差些，雅州百丈山、名山，泸州泸川所产茶，与金州相同。眉州、汉洲所产茶又差些。眉州丹棱县铁山所产茶，汉洲绵竹县竹山所产茶，与润州相同。

注释

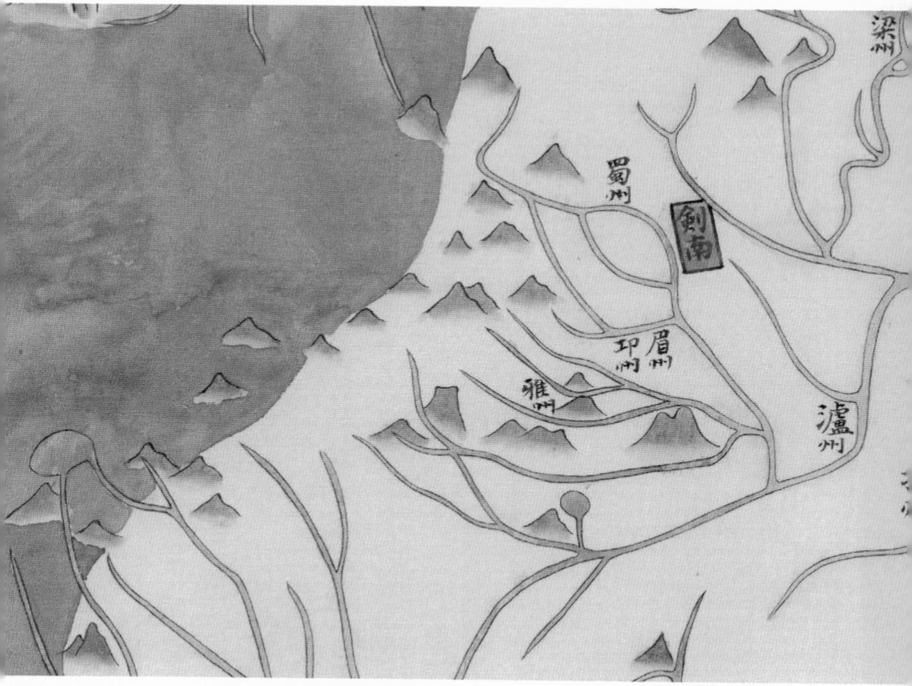
梁州
蜀州
劍南
眉州
卭州
雅州
瀘州

原文

注释

浙东，以越州上，余姚县生瀑布泉岭曰仙茗，大者殊异，小者与襄州同。明州、婺州次，明州贽县生榆筴村，婺州东阳县东白山与荆州同。台州下。台州始丰县生赤城者，与歙州同。

译文

注释

浙东，以越州所产茶为最好，余姚县瀑布泉岭称为仙茗，大叶茶非常特殊，小叶茶与襄州相同。明州、婺州所产茶为次好，明州贽县榆筴村所产茶，婺州东阳县东白山所产茶与荆州相同。台州所产茶差些。台州始丰县赤城山所产茶，与歙州相同。

灵隐
杭州
明州
餘姚
越州
婺州
睦州
会稽
浙東
象山
天台山
台州
赤城山
活蒼山
建州
福州

原文

黔中，生思州、播州、费州、夷州。

译文

黔中，出产于思州、播州、费州、夷州。

綿州
峡州
漢州
黔中
彭州
費州
夷州
瀘州
播州
思州
衡山
湘水
湘山
始安岺
九疑
象州

原文

江南，生鄂州、袁州、吉州。

译文

江南西，出产于鄂州、袁州、吉州。

夷陵
黄州
舒州
漢水
荆州
鄂州
蕲州
廬山
江南西
洞庭
西塞山
鄱阳
江西
衡山
衡阳
袁州
湘水
吉州
湘山
九疑
桂陽岺
韶州
大庾岺
章水

原文

● 注释

岭南，生福州、建州、韶州、象州。福州生闽县方山之阴也。

译文

● 注释

岭南，出产于福州、建州、韶州、象州。福州茶产于闽县方山的北坡。

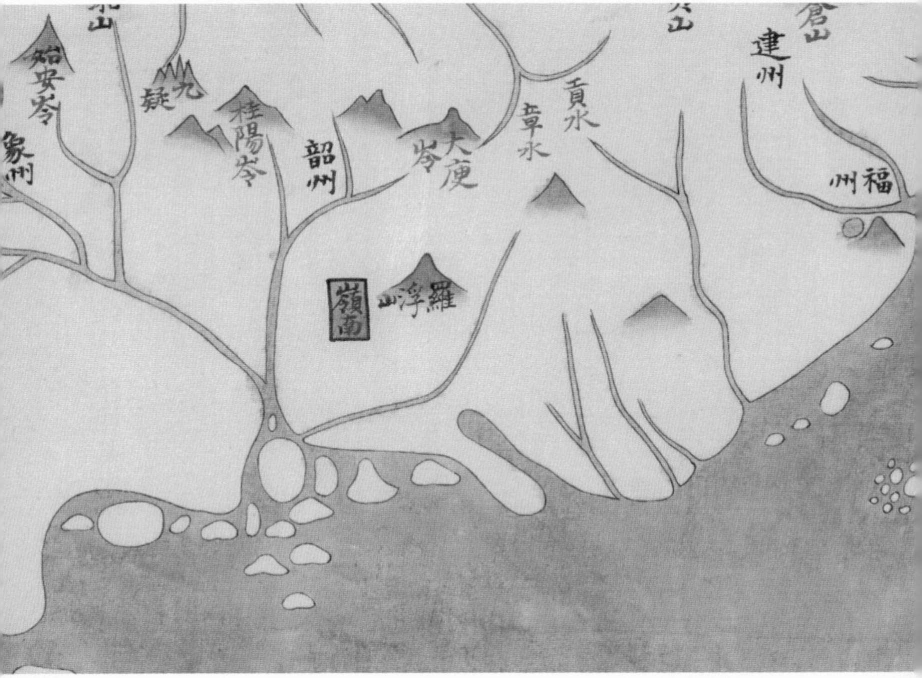
始安岑
九疑
桂陽岑
韶州
大庾岑
章水
貢水
倉山
建州
福州
象州
嶺南
羅浮山

原文

其思、播、费、夷、鄂、袁、吉、福、建、韶、象十一州未详，往往得之，其味极佳。

译文

对于思、播、费、夷、鄂、袁、吉、福、建、韶、象这十一州所产的茶，具体情况还不太清楚，经常得到一些，品尝一下，味道非常好。

北庭
大沙漠
居延
伊州
酒泉
敦煌
張掖
武威
河西
上郡
朔州
大雪山
流沙
大昆崙
天水
洛阳
霍太山
汾水
姑射山
河東
王屋山
終南山
華山
山南西
梁州
金州
義阳郡
山南東
襄州
夷陵
綿州
峽州
荆州
蜀州
劍南
黔中
漢州
彭州
眉州
邛州
雅州
瀘州
費州
夷州
洞庭
播州
思州
衡山
衡阳
湘水
湘山
始安嶺
九疑
桂陽嶺
象州
昆明池

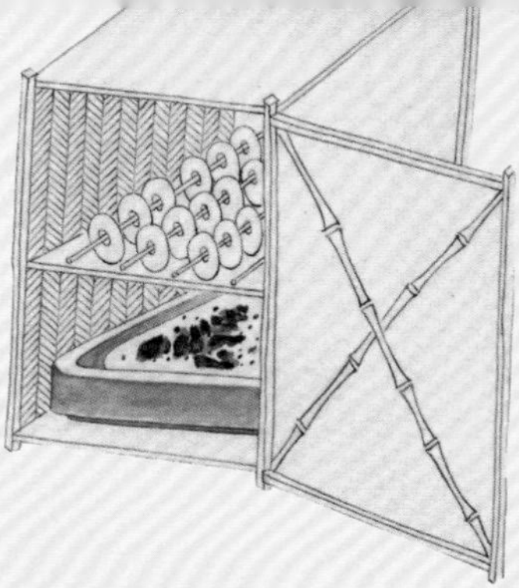

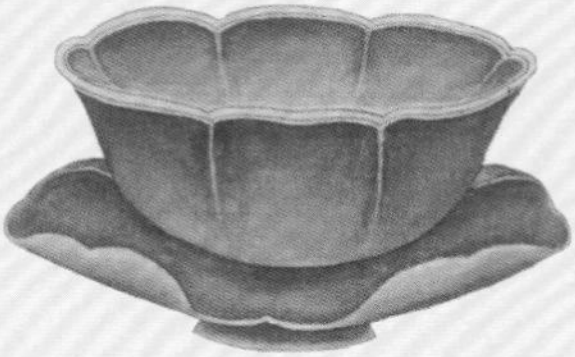

九之略

原文

其造具，若方春禁火之时，于野寺山园，丛手而掇，乃蒸，乃舂，乃拍，以火干之，则又棨、扑、焙、贯、棚、穿、育等七事皆废。

译文

关于制茶工具，如果正当春季寒食禁火之时，在郊野寺庙或山间茶园，大家一起动手采摘，当即就地蒸茶，舂捣，用火烘烤干，那么棨、扑、焙、贯、棚、穿、育等七种制茶工具都可以省略。

原文

其煮器，若松间石上可坐，则具列废。用槁薪、鼎䥶之属，则风炉、灰承、炭挝、火筴、交床等废。若瞰泉临涧，则水方、涤方、漉水囊废。若五人已下，茶可末而精者，则罗合废。若援藟跻岩，引絙入洞，于山口炙而末之，或纸包合贮，则碾、拂末等废。既瓢、碗、竹筴、札、熟盂、鹾簋悉以一筥盛之，则都篮废。

但城邑之中，王公之门，二十四器阙一，则茶废矣。

译文

关于煮茶器具，如果在松林间，茶具可以放置在石上，那么具列可以省去。如果用枯木柴、有三足的锅来煮水，那么风炉、灰承、炭挝、火筴、交床等器具可以不用。如果在山泉溪边煮茶，水方、涤方、漉水囊也可以省略。如果人数在五人以下，茶又可碾成细末，就不必用罗合了。如果攀藤登上山岩，或拉着粗绳进入山洞，先在山口把茶烤好捣细，用纸囊或盒子装好，那么碾、拂末也可不用。如果瓢、碗、竹筴、札、熟盂、鹾簋都用竹筥来盛放，那么都篮也可以省去。

但是，在城市之中，王公贵族之家，二十四种煮茶器具缺少一样，就算不上是真正的饮茶了。

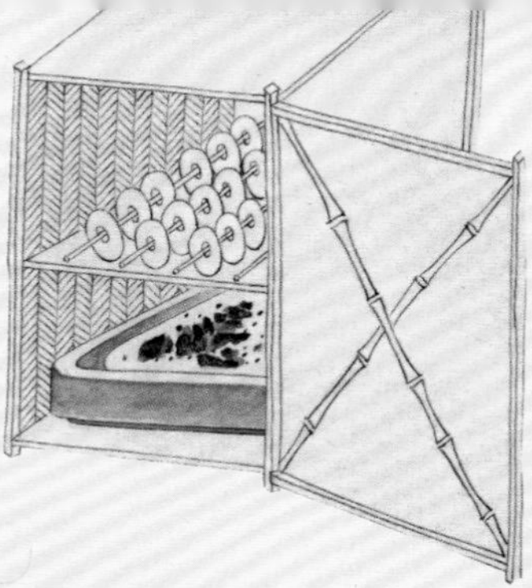

十之图

原文

以绢素或四幅或六幅，分布写之，陈诸座隅，则茶之源、之具、之造、之器、之煮、之饮、之事、之出、之略目击而存，于是《茶经》之始终备焉。

译文

用四幅或六幅素色丝绢，把上述内容分别抄写下来，张挂在座位旁边。这样，茶的起源、采制工具、制茶方法、煮饮器具、煮茶方法、饮茶方法、茶事记载、出产地以及茶具省略方法等内容，就可以随时看到。于是，《茶经》的所有内容就真正完备了。

图书在版编目（CIP）数据

茶经 /（唐）陆羽著；白雪飞绘 . -- 南昌：

江西美术出版社，2018.8（2019.3 重印）（古人的雅致生活）

ISBN 978-7-5480-6164-9

Ⅰ . ①茶… Ⅱ . ①陆… ②白… Ⅲ . ①茶文化－中国－古代 Ⅳ . ① TS971.21

中国版本图书馆 CIP 数据核字（2018）第 140691 号

出 品 人：周建森

责任编辑：方　姝　朱倩文　姚屹雯

责任印制：谭　勋

书籍设计：韩　超　先鋒設計 PIONEER DESIGN

茶经 精选本

CHA JING

GUREN DE YAZHI SHENGHUO

古人的雅致生活

（唐）陆　羽 / 著　白雪飞 / 绘

出　　版：江西美术出版社

地　　址：南昌市子安路 66 号江美大厦

网　　址：jxfinearts.com

电子邮箱：jxms163@163.com

电　　话：0791-86566309

邮　　编：330025

经　　销：全国新华书店

印　　刷：浙江海虹彩色印务有限公司

版　　次：2018 年 8 月第 1 版　　印　　次：2019 年 3 月第 2 次印刷

开　　本：787mm × 1092mm　1/32　　印　　张：8

书　　号：ISBN 978-7-5480-6164-9

定　　价：88.00 元